［日］野吕英四郎———— 著

マイケル・ジャクソンの
靴下はなぜ白いのか

李力丰———— 译

为什么
迈克尔
要穿白袜子

北京时代华文书局

图书在版编目（CIP）数据

　　为什么迈克尔要穿白袜子 /（日）野吕英四郎著；
李力丰译 . -- 北京：北京时代华文书局，2020.5
　　ISBN 978-7-5699-3588-2

　　Ⅰ . ①为… Ⅱ . ①野… ②李… Ⅲ . ①成功心理 – 通
俗读物 Ⅳ . ① B848.4–49

中国版本图书馆 CIP数据核字（2020）第 029495号

北京市版权著作权合同登记号　字：01-2020-0219

为什么迈克尔要穿白袜子
WEISHENME MAIKEER YAO CHUAN BAIWAZI

著　　者 |［日］野吕英四郎
译　　者 | 李力丰

出 版 人 | 陈　涛
责任编辑 | 张彦翔　周连杰
装帧设计 | 三形三色
责任印制 | 刘　银
出版发行 | 北京时代华文书局 http://www.bjsdsj.com.cn
　　　　　北京市东城区安定门外大街 136 号皇城国际大厦 A 座 8 楼
　　　　　邮编：100011　　电话：010-64267955　64267677
印　　刷 | 三河市兴国印务有限公司　0316-7151807
　　　　　（如发现印装质量问题，请与印刷厂联系调换）
开　　本 | 880mm×1230mm　1/32　印　张 | 6　字　数 | 80千字
版　　次 | 2020年5月第1版　　印　次 | 2020年5月第1次印刷
书　　号 | ISBN 978-7-5699-3588-2
定　　价 | 39.80元

我的心中充满了感激。

对于各位前辈，我心存感激。

对于前人的睿智与努力，唯有道一声"感谢"。

在我的生活里，需要致谢的人很多。

对于本书中提到的迈克尔·杰克逊先生，我更是心存感激。

从迈克尔·杰克逊的身上，我明白了无数的道理，并不断加以实践，努力地一步步向成功迈进。

首先，要感谢他的音乐。

每当跑步或者到健身房做运动时，我都要听着他的音乐。他的音乐通过手机传入我的耳中，总能使我的脉搏保持在一百四十以上。

其次，要感谢他呈现自我的完美方式。

假如迈克尔·杰克逊是位大腹便便的歌手，只能笔直地站在舞台上唱歌，想必，也绝不可能会有那些风靡全球的金曲问世了吧。可以说，正是凭借那双敏捷的脚迈动舞步、那副苗条的身材展现音乐，他才会受到人们如此疯狂的追捧。

还有，就是他的着装。他总是能设计出与音乐完美融合的奇装异服。然而，那些服装并不只是简单的奇装异服，而是经过仔细权衡后的选择。

除此之外，具体内容还请各位翻开本书，仔细阅读。

正是从他身上，我学到了许多。

"小小袜子，意义非凡"——这就是我最想表达的人生智慧。

在我看来，在天王迈克尔·杰克逊所取得的巨大成功里，那双小小的袜子可谓功不可没。

假如他穿的仅仅是常见的灰袜子或黑袜子，今天又会发生什么呢？

至少，这本书是不可能问世了。

不仅如此，我的人生走向也将出现极大的不同。

我本人并不穿白袜子，但我会时刻注意自己的着装。

这一点，也是受到了迈克尔·杰克逊的影响。

今天必须系某一条领带。

明天务必穿某一件衬衫。

我总是认真地选择每一件合适的服装，以最好的状态投入工作。

是的，我从迈克尔·杰克逊的身上学到了很多。

他真的教会了我很多事情。

在此，我不禁再次对他表示衷心的感谢。

在我每一天的日常工作中，这些习惯无时无刻不在发挥着不可估量的影响，产生了意想不到的效果。

每天，我都会遇到很多人。

每个星期，我都要交换出将近一百张名片。

每当我与他人接触，都要思考一个问题：这个人为什么能取得成功？

因为他说话的方式？

因为他的发型？

因为他的外表？

人不可能光凭能力获得成功，也不见得光凭能力就能受人赞许。

还有其他各种各样的因素，会大大影响成功的可能性。

我有许多很爱看的电视节目，包括 MBS 电视台的《情热大陆》、NHK 电视台的《行家本色 –Professional》，以及东京电视台的《盖亚的黎明》《坎布里亚宫殿》，等等。每次看到这类节目，我都会兴奋无比。

然而，我看这些电视节目并不仅仅是为了消遣，相反，我可以从中学到很多东西。

"为什么这个人会取得成功？"

"为什么这个人能收到节目组的邀请？"

我常常一边观看，一边思考。

前些天，《情热大陆》里出场的主人公是一位酒店接待员。

他在伦敦一家超一流的酒店工作。这位日本人的过人之处在于，他从不对客人的要求说"不"。单是这一点，就惊呆了所有人。

一天夜里，一名男住客正准备求婚。可是，他却一筹莫展。倒不是担心受到拒绝，而是因为珠宝店的失误，导致订婚戒指来不及送到。

后来，正是这位接待员绞尽脑汁，想办法用巧克力做出了一枚求婚戒指，才使这位住客的难题得以解决。

为了满足客人的要求而努力到极致，正是这样的态度，使我无比震憾。

是的，当我们在电视上、书本里看到比自己优秀的人时，不能用一句简单的"真了不起"就将之带过。

看到这些人，我们的心里有怎样的感想、要怎样行动，这些才是至关重要的。

看到比自己优秀的人，我们应该尊敬他们、向他们学习，进而付诸行动，这样的做法才是最重要的。

我认为，人类进化的最大特点，就在于"学习"。我们要学习前人的成果，并从中获得经验，进而取得进步。

从古至今，经历过好几千、好几亿人的学习，人类才能走到今天，才有了今天的我。

例如这本书的文稿，也是通过苹果电脑打字完成的。打字机发展至今日，正是有无数人的参与，不断改进，才使得这项技术日趋成熟。

我始终认为，所有进入我们视野里的事物，都是我们应当学习的对象。

这也是我写下这本书的动机。

通过本书，我不仅要向过往的人们表达感激与尊敬之情，未来也要更加努力地学习。

袜子虽小，意义非凡。

首先，让我们从学习开始！

一件不起眼的小事里，很可能就藏着成功的秘诀。

重要的是，要学会自己发现这些秘诀，并将之付诸实践。

如果这本书能为您带来这样一点启发，本人将倍感荣幸。

于代代木公园，《Smooth Criminal》乐曲声中

野吕英四郎

目 录

contents

Part 1　为什么迈克尔要穿白袜子？

化"土气过时"为"潮流时尚"

——为什么迈克尔要穿白袜子？ / 003

承认"失败"并昭告天下

——为什么埃隆·马斯克要挑战那些不可能的事？ / 007

变"粉饰遮掩"为"开诚布公"

——为什么泰勒·斯威夫特要把失恋写进歌里？ / 012

把"创新"引入"传统"

——为什么路易威登要让马克·雅可布担任总监？ / 017

"自卑之处"也可以"拿来利用"

——为什么孙正义可以坦然地调侃自己后退的发际线？ / 021

化"信息泛滥"为"信息保护"

——为什么安娜·温图尔要在室内戴墨镜？ / 026

Part 2　为什么爱因斯坦要在镜头前吐舌头？

"与众不同"比"平淡无奇"更能加深印象

——为什么爱因斯坦要在镜头前吐舌头？ / 033

营造"刻板印象"，不如展现"独特自我"

——为什么奥巴马要挽起袖子演讲？ / 037

变"墨守规则"为"改变规则"

——为什么大隈重信从不写字？ / 042

与其"掩饰自尊"，不如"有懈可击"

——为什么大平正芳总喜欢说"啊""嗯"？ / 046

即使"手段用尽"，仍可"求神保佑"

——为什么稻盛和夫常说"喂，求神保佑了吗"？ / 051

与其"验证事实"，不如"编造故事"

——为什么会留下玛丽·安托瓦内特一夜白头的传说？ / 056

Part 3　为什么工作能力强的人发邮件总是格外简短?

与其"详细说明",不如"准确传达"

——为什么工作能力强的人发邮件总是格外简短? / 063

敢为他人难以出口的心声"代言"

——为什么"毒舌"谐星不会被攻击? / 068

比起"条理分明",不如"相信直觉"

——为什么数据在手也无法与"直觉极准"的人匹敌? / 072

与其"泯然众人",不如"大方出丑"

——为什么坚持自己想法的人善于利用"不协调感"? / 077

与其"不再失误",不如"忘掉错误"

——为什么健忘的人心理更强大? / 082

与其"寻找理想",不如"寻找合适的地方"

——为什么越早懂得放弃的人越早成功? / 086

Part 4　为什么一味地追求业绩的公司会走向末路？

"人际关系"比"自我宣传"更重要

——为什么一味地追求业绩的公司会走向末路？ / 093

与其"依赖导航"，不如"绕道而行"

——为什么大成果往往从一个个小步骤中诞生？ / 097

与其"认清自己"，不如"痛受刺激"

——为什么常常吃平价寿司的人不易成功？ / 101

目标并非"读懂"，而是"看懂"

——为什么善于一句话概括的人写的策划会被选中？ / 105

面对僵局，与其"思考"，不如"行动"

——为什么成功者面对难题时会直接采取行动？ / 109

与其"宣扬功绩"，不如"心怀谦虚"

——为什么老是沉浸在往事里的人成不了大器？ / 113

Part 5　为什么总是忍不住要加入排队？

"真实价值观"胜过"共享价值观"

——为什么总是忍不住要加入排队？ / 119

与其"断然拒绝"，不如"放开心胸"

——为什么《笑笑也无妨》的正式名称要省略前半部分？ / 123

与其"否定他人"，不如"从中学习"

——为什么善于讲话的人往往也善于倾听？ / 128

"遥不可及的梦想"好过"只增一成的稳健"

——为什么高谈梦想的人容易成功？ / 132

与其"开拓新路"，不如"回归原点"

——为什么乐高能同时受到两代人的喜爱？ / 137

与其"保持旧传统"，不如"开拓新领域"

——为什么獭祭不是日本酒？ / 141

Part 6 为什么最棒的发型师的头发总是乱糟糟的?

"专业理念"胜于"展现外表"

——为什么最棒的发型师的头发总是乱糟糟的? / 147

"单一对象"胜于"符合大众"

——为什么感动百万人的事物往往始于感动某一个人? / 151

勇于向"司空见惯"提出质疑

——为什么登机口要设在左侧? / 155

变"缺憾不足"为"留有余地"

——为什么电影中迟迟看不到大白鲨的身影? / 159

变"看到变化"为"利用变化"

——为什么会觉得国外的电视剧好看? / 164

与其"个性十足",不如"拉近距离"

——为什么女主播都是有亲切感的美女? / 169

后　记 / 173

Part 1

为什么迈克尔·杰克逊要穿白袜子？

为什么迈克尔·杰克逊要穿白袜子?

已经成年的你,还会选择白袜子吗?

当然,也有流行的因素在内,但我们通常都会为了搭配下半身的服装而挑选同色系的袜子。显然,白袜子看上去是一种有些幼稚的选择,也是"土气过时"的代名词。

然而,有一个人却能把这样一件单品穿得无比性感。

这个人就是摇滚天王迈克尔·杰克逊。

天王迈克尔·杰克逊在舞台上边跳边唱金曲《Billie Jean》的那幅画面，想必大家都看过。在他那双跳着太空舞步的脚上，永远穿着一双简洁的黑色乐福鞋。而且，还配着白色的袜子。

说到《Billie Jean》就会联想到白袜子的穿着打扮，这一形象充满了迈克尔·杰克逊强烈的个人色彩，给我留下极其深刻的印象。

那么，这样一种独特的做法究竟是怎么来的呢？

站在幽暗的舞台中央，在聚光灯的照耀之下，一双白袜仿佛在闪闪发光。有时候，甚至不止是白袜，连那双交织着金银线的鞋子也在跟着闪闪发光。要想演绎出这样一个仿佛被施了魔法的梦幻瞬间，白袜子是不可或缺的元素。

每当迈克尔·杰克逊飞快地滑出舞步，袜子都会划出闪亮的弧线，观众也会随之欢声雷动。

然而，若是其他的人同样穿上白袜跳舞，想必也无法演绎出如此震撼人心的效果。即使不会让人产生此人过于老土的感觉，也会让人觉得他是在模仿迈克尔·杰克逊。

事实上，同台的兄弟们也曾反对他穿白袜登台。可是，迈克尔·杰克逊相信自己的审美不会出错，坚持穿上白袜表演，由此才有了这首激情四射的金曲，使其留在了诸多观众的记忆里。

可见，迈克尔·杰克逊相当了解自己的个人魅力。

整身衣着中最能衬托出他那充满自信的华丽舞步的，正是这双袜子。

在这里提出一个问题，你能够了解并欣赏自己最大的优点吗？即使你拥有与天王比肩的才华，也要想尽办法，将它毫无保留地展露给外界才行。

有人说："只要认真努力地工作，总会有人赏识自己。"然而，现实中并没有这么简单。要想得到世人的认同，首先要坚持不懈地向外界展示自己才行。

这种时候，最值得依靠的就是自己。不要傻傻地期待突然有一天别人会发现自己身上那些不为人知的才华。成功的第一步，就是找出自己的优势，以及确定我们要向外界展示什么样的自己。

而迈克尔·杰克逊从不随波逐流，在选择衣着上相信自己的审美，并坚持多年——仅仅从这一点来讲，他就足以被称为一位天才。

○━┅

了解自己的优势。
不断寻找凸显出优势的方法。
相信自己的品位。

为什么埃隆·马斯克要挑战那些不可能的事？

埃隆·马斯克。

近来，大家可能对这个名字略有耳闻。这应该是自苹果创始人史蒂夫·乔布斯离世以来，最具世界影响力的年轻实业家了吧。

让我们来大致了解一下他那传奇般的人生经历。

埃隆·马斯克在南非出生长大，12 岁时在那里售卖自制软件，开启了自己的创业生涯。之后，他前往美国就读斯坦福大学，却在入学后仅仅两天就毅然退学，创立了现今 PayPal 公司的前身——X.com 公司，之后将公司卖给 eBay，获得了亿万财富。之后，他再以这笔财富为本金，创立了太空探索技术公司 Space X，开始了太空开发事业。

此外，他还创办了特斯拉汽车公司，在全世界掀起了无人驾驶汽车的狂潮。眼下的他，正作为无人驾驶的先驱人物，让全世界为之疯狂。

他甚至还参与策划了太阳能发电风投企业太阳城公司的创办，而这项策划也与特斯拉汽车一样，都只为摆脱长期以来对于化学燃料的依赖。也有人称，他的目标正是创造出一个"新能源帝国"。

埃隆·马斯克的过人之处就在于，他的想法永远都能超出凡人的想象，甚至有人称他为外星人。而事实上，他的思想与行动力也的确超前到让人们产生这样的错觉：此人是否真的来自太空？

说到埃隆·马斯克的工作特点，那就是"改变已有的概念"。可以说，他在这一点上做到了极致。

最近，他又着手开发一种可将后视镜、侧视镜等汽车装备更换成摄像头的"无镜汽车"。从电动汽车到无人驾驶汽车，再到无镜汽车……他正在不断地描绘出汽车行业未来的崭新蓝图。

同时，目前使他投入大量精力的太空探索技术事业，目的竟然是实现人类向火星的移居。他宣布，最快于2018年将不载人宇宙飞船发射到火星。他甚至已经想好了移居之后的火星应实行何种政治体制，并表示最好是采用全民投票决定的直接民主制。

对于未来，他究竟预见到了多少？

目前，火箭发射仍然时而失败，时而成功。哪怕是这样一位天才，在面对太空探索时，也难免会遇到重重的困难。

然而，即使火箭发射失败，他也会在推特上将之昭告天下并分析失败的原因。而这一点，也震惊了全世界。

他的这一举动完全有别于以往的创业者们。但也正是通过这种将失败昭告天下的行为，才使外界得知他的火星移居计划正在一步一步地实施着。

埃隆·马斯克之所以会挑战这一系列不可能的事，想必是因为他并不认为这些事情是不可能的。

科幻小说之父儒勒·凡尔纳曾经说过："但凡是人能想象到的事物，必定有人能将它实现。"而埃隆·马斯克正是这句话的忠实执行人。

哪怕可能会遭遇失败，也要相信挑战它的价值。正是如埃隆·马斯克这般秉持着这样一种积极向上的态度的人的存在，才使得那些貌似不可能的事情得以实现。

○━

从旁人意想不到的奇异想法中获取灵感。
推进新事业遇到困难时，采取积极向上的开拓态度。
拿出勇气，无惧失败，正视挑战的价值。

为什么泰勒·斯威夫特要把失恋写进歌里？

有一则由泰勒·斯威夫特出演的苹果音乐广告曾经让我大跌眼镜。

广告里，泰勒·斯威夫特正一边兴高采烈地唱着苹果音乐歌单（笔者的最爱）上的人气歌曲，一边在跑步机上跑步健身。突然，她脚下一滑，华丽地摔了一跤。可是，从跑步机上摔倒的泰勒·斯威夫特虽然狼狈地趴在地上，嘴里却完全没有停止歌唱，那一幕甚至让我联想到了日本的综艺明星。

世界级的歌唱天后竟然愿意拍这种搞笑风格的广告，单凭这一点还不足以让我吃惊。我原以为，即便是为了搞笑，也会在跑步机下面铺上垫子，使艺人摔倒的画面看起来相对优美一些。然而，以我这种跟电视打惯了交道的眼光来判断，那一次可以说完全是真摔，那股势头仿佛可以让人看到她的膝盖和腿上已经摔出了青痕。

而泰勒·斯威夫特本人也在推特上表示，"这则广告基于事实"。看来，是真摔了。

泰勒·斯威夫特也因经常将自己的失恋经历写进歌里而出名。

由于狗仔队的存在，泰勒·斯威夫特与谁恋爱，何时分手，这些个人隐私一再被曝光。也正因如此，她所创作的那些失恋歌曲被外界猜测为"复仇歌曲"。

而这种坦诚正是泰勒·斯威夫特的个人魅力所在，也是能引起大众共鸣的关键。正因她将个人经历坦诚地写入歌中，创作出的歌曲才更具说服力，也更能打动听者的心灵。

在这一点上，Lady Gaga 也不相上下。Lady Gaga 的情况和泰勒·斯威夫特相比甚至更为糟糕，她将自己原本为双性恋、过去曾遭人强暴以及罹患抑郁症等经历全部公开，引起了经历过同样痛苦的人们强烈共鸣。

在以往，所谓的明星也好，偶像也罢，通常都会将私生活尽量隐藏起来，小心翼翼地保护自己的隐私，使之不被泄露。

例如那些 20 世纪 80 年代的偶像明星，有些人明明爱吃烤肉，却要在明星档案里写上"爱吃水果"。因为在那个时代，只有那样做，才能符合粉丝臆想中的偶像形象。可是，想要粉饰现实或补救问题，是需要付出相当大的心力的。

如今，那样的做法显然已经行不通了。即使是卖"好人"人设的明星，也可能会被爆出婚内出轨。

而一旦被人揭穿，无论怎样编造谎言企图蒙混过关，"吃瓜群众"都不会再买账。由于对明星失去了信任感，甚至还会出现"粉转黑"的现象。

事实上，这种时候除了"坦诚"之外，别无选择。

泰勒·斯威夫特在自己创作的歌曲里就曾说过，"没有坦诚，粉丝就无法感同身受"。

对于泰勒·斯威夫特而言，创作那些失恋歌曲与其说是为了复仇或是走红，倒不如说是为了诚实地坦露自己当下的真实情感。

通过坦诚地表达自己来向前迈进。这位新时代的天后身上有着太多值得我们学习的东西。

一贯坦诚的人更受外界的喜爱。

企图隐藏或掩饰自己的问题，不仅难度极大，而且一旦被人揭穿，风险也极大。

最能使人际关系走向顺利的，莫过于真诚。

把「创新」引入「传统」

为什么路易威登要让马克·雅可布担任总监？

从 1997 年到 2014 年，马克·雅可布在路易威登担任了 16 年艺术总监。在这期间，他备受外界的关注，受到了粉丝的热烈追捧。

要说当年，这一任命还真让人有些不可思议。当然，时至今日已是毫不出奇了。

现在回头仔细想想，正是他身上的那种充满朝气的年轻气质，为路易威登注入了一股全新的活力。

而上任之后，他所取得的成就也是全世界有目共睹的。

帮助路易威登成功打入高级成衣品牌市场，通过与斯蒂芬·斯普劳斯、村上隆、草间弥生等艺术家的合作，不断推出新品，频频引发关注。马克·雅可布的作品也在世界各地掀起了热潮。

要想让历史悠久的传统品牌掀起革命并非易事。然而，也正是因为能让这样历史悠久的品牌改头换面，这其中的意义才更为重大。为使路易威登从单纯的手包品牌升级为综合的时尚品牌，马克·雅可布充分显示出了他惊人的才华与勇气。

传统的时尚殿堂——法国路易威登公司竟然选择了出身纽约，以设计简约、具有现实感的服装见长的马克·雅可布。

正是这一意外之举，为它开启了通往成功的大门。

想要利用这种反差并不容易，然而，一旦选对了方向，却能获得巨大的成功。

让我们再来看看身边更加贴近生活的例子。

每到夏季，人们都会青睐一种棒冰，名叫 GARIGARI 君。这款老少皆宜的消暑佳品，年销售额竟高达五亿日元，实属经久不衰的热销商品。

这个品牌每年都要推出各种口味奇特的新品，比如鸡汤味、肉酱意粉味……许多口味都让人匪夷所思，惊叹道："这居然是棒冰的种类？"然而，正是这样一种不按常理出牌的意外性，使得消费者们异常兴奋，所有人都在期待："接下来会有什么口味？"

由于冲击太大，街头巷尾都会聊起这个话题，价格又刚好适中，人们便都愿意买来尝尝。

路易威登也好，GARIGARI君也好，之所以能够最大限度地发挥这种意外性，大概还是源于各自的品牌和商品本身都有悠久的历史，商品本身是"正牌货"。

显然，传统风格的印花手包上突然冒出现代的彩色艺术，能让路易威登的老粉丝们开心不已。与此同时，也收获了大量之前没有关注路易威登的新粉丝。

消费者们认为，既然苏打味的GARIGARI君异常美味，那么，鸡汤这一奇葩口味也不必拒绝，因而人人乐于尝试。

⊙━

意外性、不协调感也是最大的灵感。
独创性的想法往往产生于意外的组合。
为传统加入意外性，效果可以事半功倍。

为什么孙正义可以坦然地调侃自己后退的发际线？

众所周知，孙正义是一位"喜欢在推特上留言的经营人士"，他本人也写下了不少名言。其中，我最喜欢的一句是这样的：

"不是发际线后退了，而是我自己前进了。"

在 2016 年的软银集团股东大会上，他也曾说过：

"时代来了总喜欢揪住人的头发。我的头发被揪多了，才成了现在的发型。"

任何人都有自卑心理，成功人士孙正义想必也不例外。孙先生自幼在贫困中长大，全凭一己之力功成名就，如今依然在时代的最前沿一路飞奔。即使是这样一位成功人士，也不可能没有自己在意的弱点。

可是，在面对推特上那些对自己的身体特征的冷嘲热讽时，孙先生全无半点恼怒，也没有用什么"我的头发还很厚"来逃避现实。而是极其坦然地承认"头发少了"的事实，然后一笑了之。

在现实当中，孙先生本人是否在意自己的发量，我们不得而知。即便在意，他也是位了不起的人物：因为他能以积极的态度看待这个问题，并将之演绎成调侃的段子。

我想，现实中也会有不少人因这句调侃而对他产生好感和亲近感吧。这份将自卑之处拿来利用的豁达，实在令人钦佩。

我自己也会在很多地方感到自卑，但这种自卑总是会为我带来动力。

比方说，我本身没有什么拿得出手的学历和能力，非常崇拜各位学霸，对"东京大学"之类的名牌学府也极其向往。

要想克服这种自卑心理，无疑可以从现在起加倍努力，设法考上东大。不过，我个人采取的做法是通过不断的努力提高自己的用心程度与讲话技巧，最终成为有资格与那些优秀的人并肩工作的人。

人们常说，易于被自卑心理打倒，将不满情绪归咎他人，整天抱怨不停的人，是不会有好运气的，只会使自己更加不幸。

有一种说法，负面言论太多的人，大多没有工作能力。观察一下周围，这句话似乎不无道理。因为，那样的人总是喜欢为自己的不顺寻找种种借口。

而像孙正义那样的成功人士，则完全不会为失败找理由。因为，当他们找到成功的方法，剩下的就只有实干了。

人在顺心如意的时候，想法往往都很积极。但在面对巨大的压力之际，思想则容易走向负面，最终陷入消极的漩涡。

我们务必要在这种情形出现之前，弄清自己的想法是否已经走向消极，并设法从负面的泥潭中挣脱出来。

转换自己的思维，才能改变世界。我们要学习孙先生，即使产生再大的不满情绪，也能给出积极的解释。

要掌握这样一种"思维转换能力"：

我不是胖，我只是还在瘦下来的路上。

○┅

负面言论太多的人，大多没有工作能力。

成功人士的眼里只有成功的方法与实干。

掌握"思维转换能力"，对任何不满都能给出积极的解释。

为什么安娜·温图尔要在室内戴墨镜？

在电影《穿普拉达的女王》中，梅丽尔·斯特里普饰演了一名跋扈的时尚杂志主编，据称其原型是时尚杂志《Vogue》美国版的主编安娜·温图尔。

这位"时尚界的冰王后"常常戴着一副大大的黑色墨镜，出现在时装展览最前排的位子上。

为什么要在室内戴墨镜？

这一奇怪的举动显然使很多人不解。在查阅了资料之后，我发现，安娜·温图尔是基于职业道德，才会戴上墨镜。

作为时尚界的女王，安娜·温图尔本人对什么最感兴趣，认为什么没有意义，一切的一切，全世界的时尚人士都想得知。因而，人们无比关注她的一举一动，安娜·温图尔关注的目标就是所有人关注的目标。正是为了在如此受人瞩目的环境里保护自己的视线，安娜·温图尔才戴上了墨镜。

关于墨镜，她是这样说的："即使我在看秀的过程中心生厌倦，别人也看不出，看得兴起，外人也不知道。它是我不可或缺的盔甲之一。"

安娜·温图尔显然非常清楚自身的影响力有多大。也就是说，作为一本时尚杂志的主编，当安娜·温图尔的目光被某物吸引时，最先发布这些时尚信息的媒体必须是她的《Vogue》。

　　采取这种做法的人，也不止安娜·温图尔一个。被誉为"世界上最伟大的投资家"的沃伦·巴菲特，基本上也都是微服出行的。每次去国外出差，他都要悄悄地坐上私人飞机，不让外界得知自己的去向。

　　若是坐在普通飞机上，哪怕他只是在头等舱里随意地翻翻资料，也有可能被人无意间发现，从而引起不必要的骚乱。因而，他总是乘坐私人飞机去各地考察。

　　也有人采取与之截然相反的做法。微软创始人比尔·盖茨坐飞机时，就喜欢坐经济舱。头等舱也好，经济舱也罢，所花的时间是一样的——这是他本人给出的理由。单从这一点来看，也的确有其合理性。

　　资讯附带着价值。假如把这些消息发给懂行的人，说不定便会遭人恶意利用。不懂得这些消息的价值，搞错了也容易引起意想不到的失败。像我这样的人，坐不坐飞机当然不会有什么影响。可是，有些人的一个简单的举动，就能给全世界带来变化。人一定要清楚自己的能力。

有些人或许爱在社交平台上随意地写出一些他人的负面评语。更有甚者，甚至会随心所欲地大肆批评他人。然而，未来的局势是会发生改变的，批评的对象说不定还会在未来的某一天成为你的上级。

每个人造成的影响程度或许会不同，但影响力大的人，往往都会在做事时更为谨慎。自己究竟能造成多大的影响，务必要了解清楚。不要在一些小事上栽跟头。越是成功的人，往往越低调。

面对未来的资讯化社会，在使用社交平台等工具时，除了收集信息外，也必须拥有像安娜·温图尔坚持戴墨镜那样的信息保护原则。

◎⚊

有些时候，一个不起眼的举动也可能带来巨大的影响。

重要的是了解自己拥有多大的影响力。

在未来的资讯化社会中，既需要收集信息，也需要保护信息。

Part 2

为什么爱因斯坦要在镜头前吐舌头？

为什么爱因斯坦要在镜头前吐舌头？

想来，很多人都记得有一张爱因斯坦博士吐舌头的照片吧。

尽管人们已对这张照片司空见惯，仔细观察，却仍能从中发现一些不同寻常的地方。用现在的话来说，这是一张"鬼脸"照。而正是这样一张照片，却能让观者感受到这副表情完美的照片，恰恰体现出了爱因斯坦本人的个性。

这张照片是在什么样的情况下拍出来的呢？

据说，爱因斯坦本人出了名地讨厌照相，而且几乎没有在别人面前露过笑容。各位有兴趣的话，也可以到网上搜索一下。爱因斯坦留下的照片的确不多，只有个别几张。而且，不单是这张吐舌头的，其他照片也几乎没有露出笑容的。

这样一张极其特别的照片，拍摄于他年满72岁的生日之际，却不是在照相馆里或采访时被人拍下来的。拍照时，他正在路上准备钻进汽车，恰好被记者叫住，便忍不住笑了一下，却又为了掩饰而调皮地吐出了舌头。

据说，他是故意做出这副鬼脸的。这样一来，即便是被对方拍到了，拍出的照片也派不上用场。如此说来，仔细看看，忽然觉得那张照片里的眼神好像的确是带着怒气。

爱因斯坦原本是个不喜欢照相的人，不知为何，这次被拍到的照片却得到了他的青睐，还让人加印了很多张。不只是本人喜爱这张照片，它还受到了社会大众的喜爱。这张照片甚至获得了纽约新闻照片奖的冠军，并被印制成了邮票。

这张在种种巧合之下诞生的照片，显示出莫大的效果，表现出了照片中人无与伦比的天才个性。可以说，这种乖僻而奇特的个性也是天才独有的。它也正符合普通大众心中的看法："能解开如此高深的难题的物理学家，必定是一位特立独行的人。"

话说回来，日本也有一张类似的照片，拍的是一位天才数学家——冈洁。在这张照片里，这位以极高的才智解答出世界性难题——多变数解析函数的数学天才，竟然在路上跳了起来。做出如此奇特的举动，他脸上的表情却淡定坦然，使人过目难忘。最为巧合的是，他身边的小狗也在同一时间跳了起来。这张照片所体现出的天才个性并不亚于爱因斯坦，也是一张堪称奇迹的照片。

如今，时代不同了。由于社交平台的普及，普通人拍下的照片也可能或多或少地给自己的生活带来影响。在拍照时，摆出一副平淡无奇的表情当然也未尝不可，但那样的表情，又是否能反映出真实的你呢？

充满了奇迹性的照片可以显示出天才的内心，也能体现天才无与伦比的个性。

与众不同的姿势更能加深你给外人的印象。

仅凭平淡无奇的表情或微笑，无法展示出某些魅力。

为什么奥巴马要挽起袖子演讲？

　　说起美国总统的着装风格，自约翰·肯尼迪时代起，便以深蓝色的西装搭配鲜红色的领带为主。总统们身着这样一种富有张力的服装，在参加讨论、发布会时，时而做出力量感十足的手势，时而展示游刃有余的姿态。一直以来，这都是最为常见的打扮。

然而，于 2017 年卸任的第四十四任美国总统奥巴马却在传统的基础上改变了个人的形象策略。作为一位身处社交网络时代的领袖人物，他不单从语言上，还试图从形象上体现自己的人品与个人原则，也留下了很多这样的实例。

比方说，奥巴马总统在举行演讲或接受媒体采访时，常常会脱掉外衣，挽起衬衫的袖子。

这副挽起袖子的形象使他显得极富活力，给人一种认真工作、十分能干的实业家印象，也展示出了他本人的年轻与朝气。

照理说，出席公务场合、访问对方及招待来宾时，都要穿着外套。挽起袖子，则仅限于在自己的办公室里工作之时。堂堂的一国总统居然以这副打扮进行演讲，在以往肯定会被说是不妥当的装扮。

然而，奥巴马却勇敢地挽起了自己的袖子，演绎出一种前所未有、全新的总统形象。

此外，无论是他走下总统专机"空军一号"舷梯时的亲民形象，还是主动接近沿途欢迎群众的亲切举止，都给人们带来了一股清新之风，使人感觉极易亲近。这一做法也给外界留下了深刻的印象。

这样的举动，人们在网络上观看视频时，哪怕是在关掉了声音的情况下，也能通过画面发挥出说服力。

具有同样效果的，还包括新闻主播们手里所持的笔。

所谓新闻主播，职责是在播报新闻的过程中对播报的内容加以解说和评论。

而单纯负责播报新闻的播报员们，手中通常是不会拿着笔的。

对于所播报的内容或节目本身，主播的存在意义在于呈现出信赖感。也正因如此，需要在选择小物件上特别注意。

至于实际转播过程中主播究竟会记下多少内容，我们无从知晓。

从这一角度来说，拿笔写字或许更应该说是一种表演，但它能给观众留下相当知性的印象。

顺带一提的是，这些人手里拿的笔多是普通的圆珠笔。也有个别评论员手持高级一些的钢笔，但通常都是圆珠笔。究其原因，也与奥巴马总统的举动一致，可以给观众带来亲近感。

你是一个什么样的人？你想成为什么样的人？光凭语言，很难体现出来。

认为自己经常受到误解的人，或许可以认真地研究一下你随身携带的物品。

○━┅

奥巴马总统凭借高明的形象策略获得了超高的人气，也显示出他卓越的表演能力。

找出一些能够展示你个性的小物件，穿着或携带在身上。

思考一下，你是一个什么样的人？你想成为什么样的人？

为什么大隈重信从不写字？

变 墨守规则 为 改变规则

人们往往认为，规则是一种不可违抗的东西。"战后"七十年来，日本国民从未产生过主动修改宪法的意愿。一般民众的观念是，既然有了规则，就应在遵守规则的前提下行动。

可我却觉得，有些时候也可以向规则提出质疑。

想必很多人都知道，国际体育比赛的规则经常被修改。

例如跳台滑雪、花样滑冰，等等。

举个通俗易懂的例子——柔道。发源于日本的柔道一经纳入国际比赛，就很少有日本人获胜了。日本的柔道原本讲究招式，尤为重视美感。而世界主流的柔道，重视的却是为了取胜而得分的做法。

本来属于体能锻炼的柔道与被列入竞技比赛的柔道，彼此目标并不一致。既然国际规则的目标是为了迎合世界的主流，日本选手自然无法取胜。

要想改变比赛的规则，比方说柔道，就必须想办法让大量的日本代表或同盟国家进入国际柔道联盟，以掌握话语权。而通常来说，有许多事情只要自己下定决心，就有可能改变规则。

前总理大臣、早稻田大学创始人大隈重信从不写字。据说对于工作上的一切文件，大隈重信一概会请专人代笔。这倒不是说大隈重信是个嫌麻烦的人。

　　事实是，少年时代的他在佐贺藩的学校弘道馆读书之时，写出的字无论如何都比不上自己的同班同学。生性不服输的大隈重信认为只要不写字就不会输了，自此之后便再也没有写过一个字。

　　一般来说，换作我们可能会这样想：一定要想方设法练好书法，或者在其他科目上超过对方。而大隈重信却为了保证自己永远不会输给别人，下决心不再写字。这样的举动可以说是改变了规则。

　　据说在那之后，大隈重信全靠拼命死记硬背来克服读书的困难，此人不服输的个性可见一斑。

　　再有，孙正义在参加加利福尼亚州大学的资格考试时，也曾提出"要用日语答题"，并当场与考官交涉，要求借字典和延长考试时间。这也是一个改变规则的典型例子。

遇到自己无论如何都接受不了的事，或是在目前所处的地方感觉压抑时，懂得从"尝试改变规则"这一观点去思考是很重要的。

比方说，仍旧在"黑心"公司里苦苦煎熬的人们，不要以自虐的方式称自己为"社畜"。既然看不到希望，境况得不到改善，就应下定决心，在被公司的规则压垮之前，争取"改变规则"或是"跳出规则"。当然，这样做也需要承担一定的风险。

◎━

规则不是绝对的。

不想输就干脆放弃比较。

感觉压抑时，不妨试试"改变规则"。

为什么大平正芳总喜欢说『啊』『嗯』？

与其"掩饰自尊"，不如"有懈可击"

说起昭和五十年代的第六十八、六十九任首相大平正芳，或许很多现代的年轻读者并不熟悉。他在出任外相期间，曾致力于促进中日邦交正常化。出任首相后，还对经济高度增长后的日本社会理想模式进行探索，出台了"推进田园城市国家的构想""环太平洋连带"等一系列政策，留下了不少丰功伟绩。

在谷歌上搜一下图片，会发现这位首相的形象独特而严厉，还被人起了个难听的外号——钝牛。另外，他在演讲和答辩过程中，常常喜欢夹杂"啊""嗯"之类的语气词，人称"啊嗯首相"。

然而，真实的大平正芳却是一位极其富有学识的人物。据说，他之所以喜欢说"啊""嗯"，是为了避免身居要位时发言出现失误，必须要在深思熟虑之后才能开口，因而养成了爱说"啊""嗯"的习惯。

不过，我个人觉得，大平正芳喜欢说"啊""嗯"的原因，并不止是讲话需要深思熟虑那么简单。凭借这种做法，更能给外界造成一种这个人比较愚钝的印象，实际却完美地掩饰了自己的睿智。表面虽听任外人称自己为"钝牛"，却在暗中默默地完成了伟大的功业。

想来，一位总理大臣要显示出威严并非难事，他却采取了这种让对方疏于防范的策略。我想，正是这样才会让对方因为掉以轻心而忘记反驳，乖乖听完他的话，最后接受他的意见。

其实，这种诱使对方放松警惕的战术，自古以来就有了。

织田信长就曾假装白痴，得以在家督之争中保全自己。

丰田秀吉以织田信长给他取的外号"猴子"（据说其实是"秃鼠"）自称，也曾对信长手下各个有力的武将极尽阿谀奉承之事。

顺带一提，明智光秀则因被织田信长说是秃头而伤了自尊，甚至因怨恨织田信长而决定造反。丰田秀吉和明智光秀所做出的反应真可谓截然相反。

美剧《神探可伦坡》里，刑警可伦坡总是穿着一件皱巴巴的风衣现身，用妻子的故事诱使罪犯放松警惕，从而露出破绽。

故意使对方放松警惕，等于让他人感到自己有懈可击。当我们遇到看上去完美无缺的人时，往往感觉其难以亲近。而遇到比自己稍逊一筹的人时，却容易放松警惕。

通常来说，能力低于自己的人容易让我们产生放松感，难以启齿的话也可以脱口而出，甚至往往愿意接受他们的要求。

而反过来，那些无懈可击、毫无瑕疵的人，难免让人感觉交往起来毫无乐趣。

大平正芳常说的"啊""嗯"，也有这样一种为他人提供可乘之机的效果。当年，尤其是我们这些小孩子很喜欢听他这些口头禅，每次看新闻时都会期待他的下一次发言。

如果你感觉自己与周围的人存在着隔阂，哪怕不需要做到装作驽钝的地步，也不要做个无懈可击的人，不妨试着让自己放开一些，或许可以变得更好。

⊚━

　看似完美无缺的人，往往让人觉得难以接近。

　遇到比自己稍逊一筹的人时，人们往往容易放松警惕。

　感觉自己与周围的人存在隔阂，不妨试着让自己放开
一些。

为什么稻盛和夫常说『喂，求神保佑了吗』？

近来，我忽然对"祈祷""冥想"等行为产生了兴趣。并且，也有越来越多的经营者少不了要去神社里上香，或是恭恭敬敬地扫扫墓什么的。

这一现象也不仅仅出现在日本。众所周知，以史蒂夫·乔布斯为代表，凡是那些习惯面对孤独的经营者，总是希望求得一种精神上的依靠。

不过，我想很多人并不知道应当怎样求神。我以前就是如此。每次到了神社、寺庙里，虽然也学着双手合十，但也只是做出礼节性的动作而已，并没有想过要通过它改变什么。

后来，我在稻盛和夫的一本著作中读到了那句话："喂，求神保佑了吗？"

据说，在他任职京瓷期间，有一次，公司的产品遭到了客户接二连三的退货。当看到负责该产品的技术人员哭着说所有的手段都已用尽时，稻盛和夫开口说了一句："喂，求神保佑了吗？"

所谓的"手段用尽"，是指所有的方法都用遍了，仍不能达到目的。也就是说，已经别无他法了。

可是，真的没有办法满足那些严格的要求了吗？若按稻盛和夫的风格来回答这个问题，就是"喂，求神保佑了吗"。

这句话的意思是说，你是否已经做了人类所能做到的一切，到了只能听天命的地步？

比方说，你在考试的时候，是否有过只要求神明保佑就会过关的想法？不过，这并不是稻盛和夫所要表达的意思。人们之所以要向神明祈求保佑，意在告诉自己必须坚持到敢于大声说自己已经做了一切所能做出的努力。

当年，稻盛和夫在一手创办京瓷之后，实现了公司连续四十余年的盈利，后来又创立了第二电电公司（现为KDDI），着手重建通信体制。之后，又以零报酬出任日本航空的总经理一职，为公司的经营重建立下赫赫战功。他在创业之路上无往不利，创下了可谓神一般的业绩。如今，稻盛和夫已被人们膜拜为现代的"经营之神"。

而这句话之所以具有说服力，想必是因为稻盛和夫本人在工作上比任何人都更加努力。毫无疑问，稻盛和夫能够留下如此如奇迹般的业绩，离不开他的不懈努力。据说，在日本航空的重组期间，他不顾自己年事已高，坚持住在日比谷的酒店里，每天早上八点准时到达位于天王洲的日本航空总部，一直工作到晚上九点多才下班。

如今，很多发展势头相对迅猛的公司也可能被舆论谴责为"黑心"公司，但是，这样的公司通常不分高层或员工，全都要异常地努力才行。

说白了，要想"取得成功"和"获得成果"，就只能努力再努力，全力以赴直到已经想不出任何方法。

据说前面提到的那位面对产品被客户持续退货，哀叹"别无他法"的京瓷技术人员，受到了这句话的激励，坚持不懈地努力，终于完成了符合客户要求的产品，在接下订单七个月之后顺利交货。稻盛和夫也曾经这样说过："要不断地努力，直到神明都愿意怜悯我们。"

人类如果懂得以超越自我的观点、以神明的观点看待事物，或许就能够继续坚持下去。

⊙━

要取得成功，只能全力以赴，直到已经想不出任何办法。

人之所以向神明祈求保佑，是因为已经试遍了所有的手段。

懂得以超越自我的观点看待事物，才能够继续坚持下去。

一夜白头的传说？
为什么会留下玛丽·安托瓦内特

　　人在面对巨大的恐惧或压力时，头发会在一夜之间全部变白，许多人对此深信不疑。然而，据说一夜白头这种现象，从医学上是无法给出解释的。

　　那么，为什么这种说法会在人们心中如此根深蒂固？

　　寻根溯源，可以发现这一传说竟然有个意想不到的出处——少女漫画《凡尔赛玫瑰》。在这部漫画作品中，王后玛丽·安托瓦内特在法国大革命的骚乱中被捕，在被处以极刑前，一头美丽的金发竟在一夜之间全部变白。

还有一个因比赛白头的人物，那就是在《小拳王》里和主角对打的何塞·门多萨。他对被自己打倒无数次仍能设法站起来的对手乔感到无比恐惧，精神逐渐崩溃。虽然赢得了比赛，却在比赛结束后变得白发苍苍。

这些画面深深地留在了人们的记忆里，也因此产生了一夜白头的传说。也就是说，人们"入戏"太深了。而对于原作者而言，这也堪称一种成功。

我就曾在自己制作的《特命搜查200X》节目中接到观众打来的电话，希望到节目中的虚构公司里任职。当时，我的心里欣喜若狂。

只因这证明了我们的节目成功为虚构公司塑造出了真实

感，已经真实到观众都想去那里工作了。

在现代社会中，恐怕已经很难呈现出这样的表演效果了。一旦这样做，恐怕就会遭到大批观众的投诉，认为电视上不能播出这种无凭无据的东西。可是，我个人倒是觉得无凭无据也没什么不好。

说起水户黄门，其实他本人并没有进行过云游各地的旅行。只不过，他的家臣在外出旅行时收集了各地的史料，编纂出奠定整个水户藩基业的史书，这一点却是不争的事实。然而，最终却给外界留下了"水户黄门＝云游各地"的印象。

再有，丰臣秀吉的一夜城，实际上也不是一夜之间拔地而起的，只不过是在建成后砍去了周围的树木，使城堡看上去犹如突然冒出来的一般。

如今的时代，人们喜欢对每件事情追求其"正确性"。

　　然而，有些事情单凭事实并不能表达出真实感，必须借助演绎，才能更加接近事物的本质。

　　我衷心地希望大家在批判这些编造的事情都是无凭无据的谎言之前，能拥有接纳这些演绎的宽广胸怀，享受这些演绎的乐趣。

　　设想一下，假如你自己有这样一些传说会怎样？会不会很有趣？

　　比如我自己，说不定杜撰一句"我可是三天三夜没睡觉，才写完的这本书稿"，然后再说，"其实我有偷偷睡觉"。

　　可是，通过强调"三天三夜没睡觉才写完"，可以引起他人足够的关注。

　　我们完全可以把这样的段子、趣闻用在介绍自己的时候。比方说，之前曾经如何遇到天大的麻烦，最后又是如何出手解决的，等等。这样，就可以使聊天的气氛迅速热闹起来了。

有些虚构足以使人信以为真。

有些时候，要想表现出本质，演绎也是有效果的。

自我介绍时讲点自己的光荣史，可以使谈话的气氛热闹起来。

Part 3

为什么工作能力强的人发邮件总是格外简短？

为什么工作能力强的人发邮件总是格外简短？

与其 详细说明，不如 准确传达

在我们的生活里，如果失去了"联系"，不论是工作，还是日常，恐怕一天都维持不下去。

年复一年，人们开发出越来越便捷的通讯工具，我们的生活也在日复一日地发生着变化。

在将近两百年里，我们的通讯手段从飞毛腿信使、邮递员、电话、邮件到网络聊天，时时刻刻都在发生着变化。

那么，变得方便代表着什么呢？意思就是变得越来越有效率。不管人们愿不愿意，事实就是通讯的效率始终在不断地提高。

只要你想获得成功，你就别无选择，只能跟上现代的速度。

尽管有些人心里清楚，却在实际行动上南辕北辙。比方说，明明可以使用其他手段传达，却非要通过电话，结果只会让你跟不上速度，也会因此浪费别人的时间。

事实上，邮件的发明本来就是为了避免打电话占用别人的时间的可能性，才刻意将信息转为文本的形式，并逐渐普及开来的。

坦白地说，我认为那些爱打电话的人工作上也不会太有能力。

我个人基本上也只在跟店家预约或迷路的时候，才会打电话。再有，就是遇到某些困难，觉得有必要与对方直接通话的时候。

如今，依然有人会在发出邮件后打电话通知对方"邮件已发，请确认"，这样的做法其实是本末倒置了。前些年的确有过这样的礼节，但如今，除非有必要请对方立即确认，否则就只是在浪费时间。好不容易通过邮件这一发明省下了两人通话的时间，又要花上双重的时间和精力，这显然毫无意义。

与之相比，更重要的则是邮件的内容。

商务邮件一定要简洁明了，这是基本原则。邮件太长当然不行。若是想让对方浏览策划方案等具体内容，以书面告知并将其做成资料添加到附件里，才是最好的做法。

邮件里的文章一长就很不便浏览。同样的内容最好做成文本或幻灯片形式，这样即使资料内容较长，也易于阅读。

一封邮件最好只写一项主题。

日程发一封，预算发一封——最好这样分开发，也便于对方分开回复。

比方说，一封邮件里总共写了四项主题。那么，即便其中三项可以立刻给出答复，若是剩下的那一项必须再做确认，也只能无奈地等到该项得到确认后，才能给出回复。

只因为这一项便使得其他的主题全都不能继续推进，这无疑是一种对时间的浪费。因此，要想办法先推进那些能推进的工作。

另外，邮件的内容还必须有一个大前提，那就是要有明确的针对性。所有的文章都应从读者的角度出发，进行书写，这是关键。而那种认为"只要表达出自己想说的就行了"的观点，显然如同不主动了解投票人想法的候选人一样，达不到沟通的效果。

🔑

写邮件时，无需时令问候。内容不要超过十行。

结论写在开头。

句子简短，节奏适中，切勿使用太多连词。

为什么『毒舌』谐星不会被攻击？

　　许多人都接受不了挨骂。有人会因此伤了自尊心，觉得人格遭到了侮辱，甚至有人会因此丧失信心，失去行动的动力。

　　但是，仍有人拥有一颗坚强的心脏，不论被别人怎么骂，怎样攻击，都不会消沉。代表人物就是堀江贵文和松子DELUXE。

　　众所周知，堀江曾在活力门事件中违反证券交易法，最终获判有罪，接受刑罚而服了刑。然而，有了如此与众不同的经历，却让他更加自由了。

　　如今，他已不再是一位肩负社会责任的上市公司的老总，言论反而较之前更无顾忌，更为激烈了。

　　现在的堀江完全不在意被谁辱骂，或是被谁攻击，看上去完全是一副"死猪不怕开水烫"的样子。

　　外界也一致认为，堀江"就是这样一个人了，谁也奈何不了他"。

　　可事实证明，他有许多发言都是正确的，也有其合理性。

　　尽管有些时候，他的言辞也会伤害到一部分人的感情，但同时，也在那些内心想直白地表达相同的想法却无法做到的人群中掀起了共鸣，并得到他们的尊重，也使得粉丝队伍越来越壮大。

松子 DELUXE 也与其类似。

此人经常一针见血地评论电视里、发布会上的种种发言，嬉笑怒骂，言辞辛辣。尽管如此，却并没有招人反感或厌恶，反而人气长盛不衰。

松子 DELUXE 不仅在性别上超越了男女的界限，在身份上也不能算是单纯的主持人或搞笑艺人。松子 DELUXE 是一个在以往框架内并不存在的，无法以常识来判断的人物。

通常情况下，政客的言论要符合政客的地位，偶像的发言要符合偶像的身份。每个人的立场束缚着每个人的言行。从这一点来讲，松子 DELUXE 应该说是个极度自由的人。

如今与以往相比，全社会对他人的宽容度、接受度越来越低了。比方说，很多以往可以在电视上表演的节目，如今也被人们说成"作秀"了。

在这样一种社会氛围之下，要想自由地发表言论，就只能做个让他人奈何不了的人。唯有形成这样一种形象，才可以坚持自我地发言。

那些一向"毒舌"的人，不论何时发表犀利尖刻的言论都可以被人们接受。日常并不"毒舌"的人这样做，却很难得到理解。因而，唯有循序渐进，才能慢慢建立起这种"毒舌"的人格形象。

🔑

要想自由地发表言论，唯有慢慢建立起"毒舌"的形象。

超越社会框架的人的发言，往往会让他人产生无可奈何之感。

要做一个"毒舌"的人，重要的是不能动摇，态度不能因人而异。

为什么数据在手也无法与『直觉极准』的人匹敌？

你相信自己的直觉吗？说到直觉，人们常常想到的是"丈夫出轨了"这一女人特有的直觉，或是"某人必是真凶"这一警察特有的直觉。这些直觉，全都无法用科学做出解释。

不过，若能有意识地锻炼直觉，它就可以变得相当准确，也可以成为我们强有力的伙伴。若是因为觉得这东西不科学而不予重视，那就太可惜了。

　　我始终认为，直觉这种东西，会随着年纪的增长而变得越来越敏锐。二十岁的人，只会有二十年分量的直觉，四十岁的人，则可以有四十年分量的直觉，而一百岁的人，想来光凭直觉就能判断所有的事情了。

　　直觉并不是单纯的感觉。它是一个人迄今为止五种感官所获取的感觉、记忆及培养出的经验在一瞬间无意识地做出的判断。

　　我常常会在客户的办公室里遇到前来参加面试的新人，这名新人是否能被录用，我一眼便能看出。或许，这是因为我自己见过的人很多吧。

　　我们可以有意识地对自己的直觉加以锻炼。

　　比方说，要选择在哪家饭店吃午餐时，可以先观察一下店面的风格，猜想一下这里的食物是否好吃，再实际品尝一下，验证自己的直觉是否准确。

有时，我还会特意走进自己感觉味道不一定好的店里。实际品尝后发现味道果然一般，就会感到无比得意。直觉也是存在高峰与低谷的，可以用这些方法来确认你今天的直觉到底准不准。直觉准了，就是正处在高峰。直觉不准时，就需要特别小心。

重要的决定最好选在直觉准的时候做判断，直觉不准时，能推迟就推迟。

我们应该相信自己在看到、听到某事时第一反应说出的话：

"啊！这家店看起来味道不怎么样。"

"这个人应该是个很自大的家伙。"

"这名牙医估计医术不错。"

我们可以把这些感想当作假设，亲自去尝一尝、试一试，验证一下。如果要排队，还可以猜想一下"是否要排三十分钟"，再验证一下，实际上到底是排了三十分钟，还是一个小时。

　　直觉不准的人，往往也不擅长谈恋爱。因为这样的人很容易产生错觉，误认为"对方一定喜欢我"。反过来，也容易毫无根据地怀疑"对方出轨了"。直觉不准，就意味着容易产生错觉。这样不仅会让人难为情，也容易给周围的人带来麻烦。

　　直觉或许还可以在某一时刻救你一命。

　　假如你发觉这家医院有些奇怪，就要果断地换一家。选择旅行的目的地时，也是如此。相信自己的直觉——"总感觉这个地方会发生点什么""这个时机好像不对"，说不定就能因此而躲开"恐怖事件"或抢劫袭击之类的事情。

　　尽管科技在不断发展，人的直觉仍然至关重要。想来，哪怕到了 23 世纪、24 世纪，人的直觉也是必不可少的。

　　直觉无用的时代，我想是不会来临的。我们要不断地使用直觉、锻炼直觉。只要不断地提高直觉的精准度、积累经验，自然就会变得更有自信。

　　◎━

　　直觉是可以锻炼的。
　　无条件地相信自己的第一反应和直觉。
　　做重要的决定，最好选在直觉准的时候。

与其『泯然众人』，不如『大方出丑』

为什么坚持自己想法的人
善于利用『不协调感』？

前些天，我受邀参加一场晚会。当晚，我穿了一件晚礼服，盛装打扮地出席。原因是请柬上写着"恭请各位系上黑色领带，光临现场"。可到了现场我才发现，全场唯一穿着晚礼服的就是我自己。主办方因此对我大加赞赏，我也获得了当日的最佳人士奖。

这个结果使我非常开心。而这种情况换作是你，又会有怎样的感觉呢？

你是否会因自己的打扮太过扎眼而坐立不安？

有些人总觉得，穿着与他人保持一致才能感到安心，但安心究竟是什么呢？

与他人保持一致，并不利于成长。制造出一丝"不协调感"，起初也许需要一点勇气，但从积极的意义上讲，这样反而可以增加个人的存在感。

我们首先可以改变自己的着装，从而制造出这种"不协调感"：

每个星期，我都要参加电视节目的制作会议。会上大部分人都穿着休闲装，唯独我一直穿西装出席。以前的我也习惯于穿休闲装参加会议，后来才主动换上了商务装。因为我觉得这样做，能改变外人对我的印象。

女性一旦穿上和服走在街上，就会格外引人注目。而男性看到和服美人，往往也愿意主动帮忙拿东西。不知为何，总感觉男性对穿和服的女性更加热情。据说在京都，还有一家对穿和服的乘客打折的出租车公司呢。

为什么不应与他人保持一致？

在公司的食堂里，常常会有"我要 A 套餐""那我也要 A 套餐"的情况。这种与他人保持一致的做法极为常见。

遇到这种情况时，原本想点 A 套餐的人也应主动选择 B 套餐或 C 套餐。

选择事物，也是一种表达自己的方式。

不要认为"选这个才不会丢脸"，"想法不能跟别人不一致"，而应让"真心"来决定自己是否喜欢。

事事都要与众人保持一致——这样的想法应该被摒弃。

有些人担心，选择真正想做的事会使自己成为别人眼中的异类。

然而，显得突出其实可以给人一种认真在做选择的印象，也会让别人认为这是一个能坚持自己想法的人，反而要比那些追求安心、泯然众人的人获得的评价更高。

箭内道彦是一位极具创造力的导演，他最明显的特征就是有一头抢眼的金发。

据说，他本人之所以会选择这样的发色，就是为了表明自己的态度：一旦这头象征着创造力的金发徒有其表，失去了相应的工作能力，就会使自己丢尽脸面——这也是个很知名的故事了。

为了不被看作异类而避免表现自己的个性，不如干脆摒弃与他人保持一致的想法。刻意地让自己更加醒目，并不是件坏事。当然，不能单纯地为了突显自己而去做不好的事。

选择自己真正想做的事。

显得突出的人能给他人以"懂得提出自己的主张"的印象。

大胆表现自己，使自己振奋起来。

为什么健忘的人心理更强大？

与其「不再失误」，不如「忘掉错误」

　　有一位我经常共事的节目制作人，他总是完全不记得上一次会议自己说过的话，然后在下一次开会时做出一些与之前完全不同的发言。

　　这样的做法真是让下属无所适从。明明正按照上次会议确定的方式开展行动，却突然将计划全盘推翻。我十分能够理解下属们的心情。

不过，我认为这位制作人的做法也没有错。

"这是我刚刚想到的"，这是他时常会说的一句话。显然，这一次与上一次相比，判断的依据有所增加，参加会议的人员也有所不同了。

而参加会议的人员又因各自的水平不同，情绪状态也不相同。上一次担心的问题，这一次可能已经得到了解决。上一次态度慎重，这一次却想主动出击。尽管现在和过去具有连贯性，也不见得是完全相同的。

说实话，我本人也是个极其健忘的人。刚刚为客户宣讲过的内容，会议一结束我就会全部忘掉。因为那时，我已经在思考下一个策划的内容了。既然结束了，大脑就要赶紧开始思考别的东西。

事实上，世界正在以飞快的速度运转着。朝令夕改一词原本是指责早上的话不该与晚上的话不一致。然而换到商务一线，这样的情形却是再平常不过了。

在这个每时每刻都在发生着变化的社会里，只有对变化应对自如的人才能生存下来。

而记忆力太好的人，这种时候就很难转换心情，往往容易耿耿于怀。我们可以通过健忘来保护自己的身心——睡着了就忘了，吃点东西就忘了。

当然，也有些事情很难让人忘掉。比如不小心伤害到他人，或是给别人添了麻烦，这种情况就很难让人忘怀，因为自己的举动妨碍了他人。

这种心情跟小时候和朋友一同跳绳很像。你有没有这样的经历？正当所有人齐心协力地创造纪录时，绳子却因自己绊了一脚而停了下来。这样的小事，别人很快就会忘掉，绊到绳子的自己却迟迟难以释怀。

其实，谁都难免会犯这样的错误。

只有能忘掉错误，轻松地说出"今天我还要跳"的人，才是真正坚强的人。

认真道歉，做好善后。切勿拖延，尽快忘掉。

不要耿耿于怀，选择大胆前进，可以反省总结，不要念念不忘。遗忘，是为了让自己变得更加强大。

重蹈覆辙当然不好，烦恼过度却等同于停止思考。

⊙━

朝令夕改的现象，在商务一线再平常不过了。

学会通过健忘来保护自己的身心。

烦恼过度等同于停止思考。

为什么越早懂得放弃的人越早成功？

曾经有一部电视剧，叫作《101次求婚》。我想，很多人都听说过吧。

在这部电视剧里，由武田铁矢饰演的一无所长的中年男主人公深爱着美丽的大提琴手浅野温子。这是一个男主角尽管屡败屡战，却通过坚持不懈的求婚，最终抱得美人归的故事。这是 1991 年的热播剧，大结局曾创造出 36.7% 的收视记录。

武田也成了高收视率的代名词。他那深情的演绎，尤其是他一边大喊"我不会死"，一边冲到大卡车前的画面，深深地留在了许多观众的脑海中。

遗憾的是，现实中并不会发生《101次求婚》这样的事情。只要一往情深，从不放弃，坚持自己的想法，就一定会俘获对方的心——这样的奇迹并不可能出现。

事实上，像武田这样的死缠烂打，放到现实中很可能被视作"骚扰"。

想尽一切办法只为成功，只要不放弃就没有失败。虽然这样充满毅力的做法不能说是错的，但是，我认为适时放弃也是一种聪明的策略。

要放弃自己一直坚持为之努力的事，显然是相当艰难的决定。然而拖延下去，造成的伤害只会更大。对于有些事情，应该懂得放弃并寻找其他可行的方法，才能更早地在时间和精力上止损。

　　这里钓不到鱼就换个地方钓。

　　这座山采不到蘑菇就换座山采。

　　有些事情跟有没有能力并无关系，而是客观条件使得你无法得到收获。

　　有些时候，即使付出努力，在根本没有潜在的客户或是客户根本没有预算的情况下，也是无能为力的。

　　除此之外还要看运气，比如不巧正遇上客户的心情欠佳。也因此，没有必要一味地埋怨自己，不用把放弃这件事看得太消极。

　　关键是要取得结果。

　　"这次营销的对象没有购买的意愿。"

"找工作进了一家黑心公司。"

"外包公司的业务水平达不到预期。"

要逐个认清事实，果断地做出选择，以合理的方式推进工作的进程。

还有一件应当放弃的事，那就是"寻找自我"。

"自我"这种东西并不是我们想寻找就能寻找得到的。

经常有人问我："野吕先生，您为什么能找到喜欢的工作？"其实，我并没有去刻意寻找，而是回过神来，才发现自己正在做着这项工作。有些能力或境界，是必须通过积累经验才能锻炼出来或到达得了的。

大部分工作都不能立刻获得成果。只有做过几个月甚至几年之后，才能看到其中的精髓。

怎样的工作适合自己，不坚持下去就不可能知道。如果你想寻找自己，就更应坚持现在的工作。

⊙━

并非"不放弃就能达到目的"。

这里钓不到鱼就换个地方钓，这样的选择才是明智的。

尽早放弃寻找自我。

Part 4

为什么一味地追求业绩的
公司会走向末路？

为什么一味地追求业绩的公司会走向末路？

人际关系 比 自我宣传 更重要

在为企业做宣传时，最应重视的目的是什么？我想很多人都认为，目的是使自家的产品、服务的信息广为人知。这一点当然也很重要，但还有更重要的东西。

有些企业做出的方案，全都是为了提高业绩：

"利润要达到上一年的两倍。"

"销售额要突破四千亿日元大关。"

"门店数量要达到历史最高水平。"

用这样的数字来吸引媒体，制造出"我们的企业形势一片大好"的舆论。

可看到这种报道时，消费者们又会有怎样的心情呢？我想，大概会觉得自己不过是那些数字的一部分吧。

有一家几年前业绩始终很好，常常以成功企业的形象出现在经济媒体上的大型餐饮公司，因经营状况急剧恶化，一时间出现了有史以来最大的亏损。

诚然，媒体对那些辉煌的业绩的报道对经营者没有坏处，但对公司本身并无意义。而眼下，经营团队为了忙着擦屁股而头疼不已，让人不禁觉得当时的做法完全偏离了正轨。

企业宣传中最需要重视的目的应为"加强与顾客间的联

系纽带"。忘掉这一关键的企业，终将面临巨大的困境。

这一点不只是在企业宣传上适用，在人际关系上也是同理。宣传的时候，我们不应该兴高采烈地为个人成绩沾沾自喜；谈话的时候，也不应该只是单方面地说一些个人想说的话。

我们需要认真思考的是怎样宣传自己才能对对方有利，让对方开心。

假如这家岌岌可危的企业要我在宣传上提点建议，那么，我要说的是不要再举办那些宣传业绩和经营状况的发布会了，要把重点放在宣传产品的魅力上。可以举办一些产品试吃的媒体发布会，优先制造各种让外界了解产品味道和产品理念的机会。

在发布会上，总经理以下的干部也不要一身西装革履的打扮，而是穿上店铺员工的制服——这样才是最有奇效的方案。

著名的维珍航空公司董事长理查德·布兰森就曾穿着客舱服务员的大红上衣和紧身短裙出现在媒体面前。热情满满的布兰森董事长正是以这身打扮提供客舱服务，使得乘客和前来采访的媒体大为兴奋。维珍航空平易近人的公司理念，也得以瞬间传播到世界各地。

一味地沉浸在以往的成功里，成长很快就会停止。我们不能忘记这些成功是谁带给我们的。

不要忘记对客户和周围人的感恩，要保持良好的沟通能力，谦虚待人。

⊙━

忘记本质只追求表面，终将带来失败。

一味地沉浸在过去的成功里，成长就会停止。

珍惜应该感谢的人，加强与他们的联系纽带。

与其『依赖导航』，不如『绕道而行』

为什么大成果往往从一个个小步骤中诞生？

认真思索如何将工作分阶段进行，比实际完成工作更为重要。倘若不考虑各个步骤就贸然开始，很可能无法让工作进行到最后，或是出现失衡、走形的结果。

我想，这就好比用木材或大理石雕刻作品时没有事先以素描构图，对使用的材料种类也毫无头绪，就直接从脚趾等细节开始雕起了。

尚未看到全局，甚至心中没有一个整体的构图，便从脚趾的细节部分开始雕刻，这样能够确定有足够的空间雕刻头部吗？一旦失败还要重新买材料，从头再来一遍吗？

以制作电视节目来看，这就好比节目策划还未完成，就开始细致地改造布景了。

不只是一开始着手阶段的细节重要而已。

进行工作时太过急功近利，也会使工作出现问题。

对于这种做法，我称之为导航式的工作开展方式："前方八十米处右转，前方一百米处……"——虽说可以机械地按照正确的导航进行下去，但那是电脑才能拥有的能力。

我们是人类，人类要想开展工作，就需要有全局性的方向感。

比如，新宿大概是在那个方向——需要有这种大致的指向性和方向性。

哪怕稍微偏了一点，绕点远路也无妨。一边碰壁，一边前进，还可以提高自己对周边环境的熟悉程度，帮助我们更好地工作。

依赖导航选择最短路径，准确无误地到达目的地，就等于以最短的时间准确无误地完成工作任务。这一点虽然在导航上可行，在实际工作中却并不可行。而如今，竟然有越来越多的人以为这一点是可以实现的。

越来越多的人明知道必须经过流程才能到达终点，却仍要选择捷径，想要做到类似 3D 打印机或导航才能做到的事情。因为这种做法而失败的人越来越多，甚至到了相当严重的地步。本人却坚持认为自己没错，自己的做法才是更高效的，这才是问题所在。

事实上，哪怕我们依赖导航出行，也要先把目的地输入软件才行。有不少人上了出租车却不说出目的地，只能说出"前方右转，下个路口左拐"这样的话。在这种情况下，若是司机走错了，本来要去新宿却到了西麻布，他们也无话可说。

在现实生活中，不懂得这一简单的道理，犯这样的错误的人太多了，希望各位能引以为戒。

要想分阶段地推进工作，首要的一点是确立明确的目标。

要做好面对失败的心理准备，朝着大致的方向摸索前进。

着手阶段一旦搞错方式，将无法获得成果。

○━┱

不注重细节，就无法达成目的。

进行工作时不能太急功近利，需要大局感和全局观。

工作的推进不按流程走，不分阶段来，极易导致失败。

为什么常常吃平价寿司的人不易成功？

到寿司店里吃寿司时，我们常常会关注需要花多少钱。说到寿司，从银座的高级寿司吧台到一碟一百日元的回转寿司店，价格的跨度实在不小。试想一下，对你而言，它意味着什么档次的店呢？

我认为，那些去一次寿司店消费档次在三千日元左右的人，恐怕很难有大的发展。

要想坐在高级寿司店的吧台前尽情地享用美食，一个人至少也要花上万日元。若是再来点酒水，费用就更高了，这的确有些奢侈。

而回转寿司呢，一个人有三千日元就可以吃个饱了。也有人觉得，吃顿上万日元的寿司奢侈一回也不错，但根据当时的经济能力，符合自己身份的饮食消费更能让自己感到满足。

但若换作是我，既然要吃三次消费三千日元的寿司店，还不如把三次的费用攒起来，享受一次一万日元的高级寿司。如果纯粹是为了填饱肚子，来杯泡面不是更实惠吗？

有人可能会问，为什么要如此勉强自己呢？理由就在于，我认为人要想成长，就应不断使自己接受强烈的刺激。

第一个刺激，就是一万日元的寿司单纯要比三千日元的寿司味道更好。品味并不是天生的能力，它是可以培养出来的。只有尝过无数美味的食物，才能形成味觉的网络，培养出自己的品味。

了解美食也是一种武器。

当我了解了各种美味的餐厅以后，周围的女性也对我大加推崇，这就是证据。

当你的工作需要应酬时，了解美食更是益处多多。不亲自出动去品尝美食，就不可能了解到这些。

第二，还可以接受高级店里的环境刺激。在那里，我们可以观察到什么样的人才能轻松地享用上万日元的寿司。

同时，还可以享受到高级店里的员工所提供的服务。显而易见，这些都是三千日元的寿司店不能比的。

也可以把接受和习惯这种刺激当作一种自我投资。

或许有人会觉得，即便这样，到高级店里消费还是会感到紧张，或者，总担心到那种地方约会时，自己身上的钱会不会不够付账。

"自己的等级还差一点。"
"要是工资再高一点……"
"在符合自己身份的地方消费，才能感到安心。"

总之，拒绝去的理由可以找到很多。

然而永远待在让自己感到安心的地方，人是得不到成长的。我们能永远说自己"还差一点"吗？

要成长，就要主动接受强烈的刺激。
接受刺激，适应刺激，是一种自我投资。
永远待在让自己感到安心的地方，不利于成长。

为什么善于一句话概括的人写的策划会被选中？

我们这些电视制作行业的人在做电视节目策划时，常常以报纸的"广电栏"为灵感。所谓广电栏，是指报纸最末页上的广播电视栏。

通常情况下，那一栏里的文章乍一看很平常，一旦把各行的首字连起来，就能显示出具体的信息了。这种"竖读"的写法也格外引人关注。

每天节目的播出时间、参演人物及内容，都会在栏内直接显示出来。当然，每个节目的字数也是有限的。

据说，写电视策划书时，只有按广电栏那种十二个字乘以五行的方式来写才能入选。

有一种用来包裹重要物品和易碎物品的材料叫作"PUTIPUTI（塑料气泡薄膜，用于包装材料，可以减震）"，想必人人都能想象出这种塑料气泡膜的模样。

其实，这个"PUTIPUTI"是川上产业公司的注册商标。起初，川上产业的总经理是这样介绍自家产品的："点心罐内的 PUTIPUTI 就是由我们公司制造的。"

后来有一天，他忽然意识到，只要把它用作自家产品的名字，不必特意介绍就可以使自家的产品一目了然地展现在客户面前，才注册了这个商标。

也就是说，只用一句话便能表达的东西，更能让人印象深刻。

很多时候，用太多的句子事无巨细地表达内容难免冗长，反而不能直达人心。这样非但不能将内容表述清楚，还容易使对方感到焦虑，不明白你"到底想说什么"。

当想要面面俱到、准确无误地表达内容时，文章就会变得冗长，解释的句子也会变得繁琐。

更进一步来说，太过热情的人还会希望对方能体会内容的有趣之处，就更容易啰嗦了。然而，通过简短而有力的语言来表达第一印象，才能给人留下较为深刻的印象。

我说过，写邮件时简洁明了才是首要原则。策划书也是一样，应该简明扼要。

例如那些创业者要完成的创业计划书。

有些人可能会重视开头部分。但在追求速度的现代社会中，"看懂"要比"读懂"更具冲击力，短小精悍才是最好的。

说白了，你到底想做什么？希望对方出资，希望对方购买，希望使之流行，希望电视播出，希望出版图书，等等。对于这些难以启齿的内容，人们往往喜欢委婉地表达。

可是表达得越委婉，对方就越不容易理解。

因而，越是难以言清的内容，就越需要用一句话概括。

倘若担心过于简单的表达方式有失礼节，也不要刻意堆砌一些敬语，而是在最开始便真诚地表达歉意："为免产生误会，我就有话直说了，如有冒犯，还请多多见谅。"

☞

只用一句话便能表达的东西，更能让人印象深刻。

策划书应该要简明扼要。

越是难以言清的内容，越要用一句话概括。

为什么成功者面对难题时会直接采取行动？

当你的工作停滞不前，导致你陷入萎靡不振时，有什么办法可以打破僵局吗？

我认为，最简单的办法之一就是采取行动。

人在陷入困境时，极易止步不前。许多事例都表明，人不行动就会走向失败。

举个例子，丰臣秀吉攻打小田原时，率军将小田原团团围住。而此时，小田原城主北条氏却因内部意见对立而拿不定主意，一直没完没了地商议。最终，没等商议出结果就被大军灭掉了。这段历史还衍生出一个名词——小田原评定，意指那些会议开起来没完没了，却始终得不出结论的情况。

设想一下，假如当时北条氏选择了行动，哪怕毫无胜算，历史也可能会有所改变。

不单是小田原，这种被敌军包围，在没有援军的情况下固守不出到最后的情况，在历史上向来必败无疑。

因此，我认为一味地畏缩不去行动才是最危险的。光在脑子里来回思索，是不可能前进的。

在恋爱上，亦是如此。

我们都不是超能力者，哪怕在脑子里无数次地苦苦思索"那个女孩是不是喜欢我"，也不可能知道真正的答案。既然如此，还不如直接发个邮件过去，问问对方到底喜不喜欢自己。

再看看人们工作的方式，也能发现这种倾向。自从电脑从台式机瘦身为笔记本之后，人们便都习惯于把它带在身边，笔记本电脑的电池续航时间也在不断延长。

由此又带来了怎样的变化呢？我们可以离开办公室，到外面随时随地地工作了。

我们可以带着它去见想见的人，去外地出差，去参加我们关注的活动。总之，出行不再受时间和地点的限制。

还有机票的票价，若是在以前，去趟美国很可能要消耗掉半个月的工资。而如今，轻松就可以购买到价格优惠的机票。现在，不论是去美国看演唱会，还是去硅谷观摩一番，都变得轻而易举。

"我想做件事。"

"我想去个地方。"

一旦你的心里有了想法，就不要把时间浪费在思来想去上了。试着赶快行动吧。

与其一味地烦恼"没有钱""没时间"，还不如把时间用在思考如何筹措时间和金钱上。

此外，另一个应趁犹豫时采取行动的一个重要理由，是效仿先例已毫无意义。

尽早着手那些其他企业没有涉足的领域才是关键，单纯地重复全然无益。

开拓未知的领域自然会带来烦恼，因为之前并没有人做过。这时我们应该要积极地采取行动，哪怕失败了，也可以微笑面对。

◎━

打破僵局最简单的办法是"采取行动"。

犹豫就去做，犹豫就去买，犹豫就行动。

开拓未知的领域时，犹豫也没用。

为什么老是沉浸在往事里的人成不了大器？

坦白地说，太好面子只会给我们带来阻碍。当然，人也要有自信才能成功。

有位经营者，平时总喜欢说什么"当年，我在外资顾问公司的时候……"

前面也说过，个人的光荣史可以在自我介绍时吸引对方的注意力。然而，无聊的自我吹嘘并不能使聊天的气氛热烈起来。

有一次，当他又开始说起"我在外资顾问……"时，有人直接反驳道："可是，您并没有优秀到与他们成为合作伙伴吧？"他"嗯"了一声，便没再说话了。

按理说，此人的确是一个优秀的人。可是，由于他一直沉浸在过去的成功里，反而使周围的人难以忍受。一味地沉浸在过去的光荣史里还能取得大的成就，这样的人我也确实没见到过。

还有一个让我觉得因好面子而拖累自己的人，是一位极爱吹嘘的地方议员。不知该说他是井底之蛙还是夜郎自大，总之，每当他吹嘘起自己在那片小小的地盘里如何拥有地位时，大家只能露出苦笑。这种人，显然是没可能继续高升的典型了。

我想，他若是不那么爱夸口，说不定还能当上国会议员。像这样的人，生活中也很常见吧。

人往往会在落魄时失去信心，沉浸在过去的成功里。

遇到这种沉浸在往事里的人，大家一定要将之视作前车之鉴。

因好面子而一味地吹嘘过去的成功的人并不少见。

比方说，有些人喜欢把自己出身知名学府当作炫耀的资本，却只知炫耀自己毕业的大学，而没能好好地利用在大学里学到的知识，也没有好好地利用大学时期的人脉，就这样浪费了自己宝贵的学历。

除此之外，太好面子也容易使人失去诚实和谦虚之心。太好面子就意味着不能虚心地听取别人的意见或建议，很容易对逆耳的忠言恼羞成怒，进而错失良机。

这样的人往往会编出各种借口，为自己拉起失败的防线，或是为了顾及面子而贬低对方。

而那些并不过分在意面子的人的优势就在于任何事都可以从头学起，随时保持轻装上阵的姿态。

失败一次，还可以换个地方重新开始。

我也常因好面子而妨碍自己的工作。可能有人会问："你都好什么面子呢？"

这种时候，我都会自问自答：

"对我来说，面子是什么呢？"

然后我就会意识到，所谓的面子其实只是一种幻想。

既然是幻想，又何谈失去呢？

🔑

自我吹嘘极易引起周围人的厌恶。

太好面子容易使人失去诚实和谦虚之心。

面子其实只是一种幻想。

Part 5

为什么总是忍不住要加入排队？

为什么总是忍不住要加入排队？

我想，应当没有多少人喜欢排队吧。可是，总有人说日本人"很喜欢排队"。

诚然，从年底的大型彩票发售日，到人气爆棚的展览会、幼儿园报名，再到口碑绝佳的餐饮店，在整个日本境内，到处都可以见到排队的人群。

这其中也不乏一些为了生存而不得不排队的例子。但除此之外，我的意见是不论味道多么无敌的拉面，都不值得特意为之排队。

这样说或许会惹怒一部分人。但以我个人的经验来看，那些排了长队才能吃到的食物，大部分并没有美味到让人感动到流泪的程度。我认为真正的美食，应当是那些"事先预约好、准备好之后才能去享用、连同环境和服务在内一并提供给我们的食物"。

近些年来，还出现了一些米其林三星级的拉面店，味道想必差不了。但是，它们美味的程度又是否真值得我们花上几个小时去排队呢？我想，恐怕也不会超出我们的预期吧。

我个人的观点是，必须优先做到的应是设法努力，使自己"有能力预约到常人难以约到的三星级餐厅"。

要使自己成为一个"即使当天临时打电话过去，也会受到对方热烈的欢迎的人物"。

这就是我的价值观。我们也要扪心自问一下：你是否真的特别想吃那家拉面？还是单纯的只想随大流——只因别人都在排队，所以自己也跟着排。

不能因为别人都在排队，自己就被这种气氛牵着鼻子走。真的喜欢吃拉面的话，我更希望你能在排队之前主动预约到真正可口的餐厅。

当然了，这里要说的不仅仅是拉面。

以彩票为例。不买当然是不可能中彩的，买了也不能保证一定中彩。耐心地排上几个小时的队，再花上大笔的资金把它们买回来，未必就能中大奖。

　　当我们在彩票柜台前排队时，脑子里就应清楚，基本上是没有可能中彩的。

　　如果连这一点都不清楚，那就是另外一个问题了。

　　请思考一下，你真的愿意在中奖几率近乎于零的情况下，排那么长时间的队去买彩票吗？

　　"别人中彩了，下一个说不定就轮到我了。"

　　"都投入这么多了，起码得把本钱捞回来。"

　　我虽然能理解这样的想法，但真的值得吗？

🔑

　　必须要明白一点，人们就是爱排队。

　　要有这样的价值观：排长队才能吃到的东西未必多让人感动。

　　扪心自问：你是否真的特别想吃那家拉面？

为什么《笑笑也无妨》的正式
名称要省略前半部分？

2014 年，全民综艺节目《笑笑也无妨》十分遗憾地停播了。直到此时，又有多少观众知道节目的正式名称其实是《森田一义时间 笑笑也无妨》呢？

这个一直被人为省略掉的"森田一义时间"，其实是有着巨大涵义的。

124

　　塔摩利（长寿电视综艺节目《笑笑也无妨》的主持人，原名森田一义）如今早已是一位国民级明星了，可在主持《笑笑也无妨》之前，他的地位远非如此。当初，制作人要启用他主持白天的节目时，还掀起了一些波澜。

　　当时的塔摩利还是一个深夜节目气质极强的明星。

　　他的才艺主要是模仿鼹鼠和秃鹰的动作，以及异常自然、几乎能以假乱真的"自创"外语，这些都与当时流行的漫才（日本的相声）、小品差异极大，被业内定位为"只有能够看懂其笑点的人才能明白"。

　　可以说，当时他还是个非主流的奇葩人物。

　　白天的节目启用这样的明星会受到欢迎吗？会不会接到大量的投诉？周围的人异常担心。

　　并且，在启用他主持白天的节目时，还遇到了另一个较大的阻碍。

　　塔摩利在同一时期已兼任了其他深夜节目的主嘉宾。之前那些喜欢他在深夜节目里的奇葩风格的观众，说不定会因此而离开。甚至，塔摩利本人也曾对自己主持午间节目公开地表示"三个月就得完蛋"。

这档晚间节目的制作人是日本电视台的中村公一，他也是最先发现塔摩利的才华的人，还提拔塔摩利做深夜节目《今晚最棒！》的节目主持人。因为该节目的前一档节目《该笑了呀！》的收视低迷，制作人无论如何也不能让新节目早早就夭折。

当富士电视台《笑笑也无妨》的制作人横泽彪前去提出请求时，中村给出的回答是："塔摩利可不行。不过，森田一义做什么就与我无关了。"这是后来中村在南青山的酒吧里告诉我的。

从此以后，晚上的塔摩利摇身一变，成了白天的森田一义。由他主持的节目《森田一义时间 笑笑也无妨》也正式启动了，甚至发展成了播出时间长达 31 年之久的长寿节目。

晚上的塔摩利，白天的森田一义。若说是逃避，也算是一种逃避。甚至，有人认为这是一种煽情的策略。

我却觉得"森田一义做什么就与我无关了"这句话真是一句高明的答复。中村（而不是横泽）的谈判能力实在是太强了。

而塔摩利也借此机会得以被观众广泛熟知，获得了极高的人气。

此举想必不止对《笑笑也无妨》起了重要的作用，也为《今夜最棒！》的收视率带来了良好的影响。

一句"绝对不行"，说出口并不难，难的是留有讨论的余地。而从中又能诞生出怎样的可能性，不试过我们怎么会知道呢？

⊙⇝

　　哪怕方案没有什么通过的可能性，只要"有希望"就
要设法尝试。

　　留有讨论的余地更为重要。

　　能生出怎样的可能性，不试过我们是不会知道的。

为什么善于讲话的人往往也善于倾听？

我认为，善于讲话的人往往也善于倾听。

都说唱歌好或语言能力强的人的耳朵比较灵敏，应当也是同理。因为这类人不会觉得倾听是件痛苦的事。总之，善于讲话的人，往往也善于倾听。

这类人接收信息的能力较强，他们可以对信息做出编辑，因而输出信息的能力也很强。善于倾听的人往往也会有更大的发展空间。因为他们愿意将他人的人生经历等有趣之处吸收，并使之发挥作用，从而表现出乐于倾听的态度，对方也往往愿意向他们倾诉。

而不擅长倾听、经常中途打断或不听别人讲话的人，则相当可惜。

仅凭自己的人生所能获取的信息非常有限。当然，也可以通过书本和电视获取信息。但若说到信息含量最大的沟通方式，莫过于与别人的直接对话了。而且只要倾听就好，还不会使人感到疲劳，这也算是个中优点。

因而善于倾听的人，他所获取的信息会不断增加。这种信息的积累反过来又能在与他人谈话时发挥作用。

反之，不善倾听的人无法形成这样的积累，话题也会日益贫乏，实属可惜。

也有个别的人自以为很擅长讲话，总是单方面地说个不停，这种人很容易让周围的人"敬而远之"。只有当你愿意倾听对方讲话时，对方才会感到满足，才会愿意认真倾听你的话。人人都愿意与认真听自己讲话的人沟通，对吧？只要不断地重复这种良性的循环，慢慢地，你就会变得能言善道了。

沟通是建立在相互理解的基础上的。要想善于讲话，就要从学会倾听开始。单方面的输出并不能构成真正意义上的沟通。

女性常说"喜欢有趣的人"，这句话真实的含义是喜欢"使我感到有趣的人"，"能与我产生共鸣的人"，"不打断我的话，能接受我、倾听我的人"。

上司也好，客户也罢，若想构建起良好的关系，不但要善于讲话，更要学会倾听。尽管职场不是情场，道理却是通用的。倾听时，只要不忽略对方的话，灵活处理就可以了。

关键是要配合对方的节奏。如果对方说喜欢看《海贼王》，你也要配合对方来一句"真有意思"。

即使对方说错了，也不要反驳什么"那是不对的"。这个世界上，每个人的想法都不同。我们要包容别人的观点，明白"这种想法也是存在的",并表示"我学到了很多"。

那些不接受他人,认为只有自己的想法才正确的人只能单向通行,是很难与人好好聊天的。

自己的想法不一定是正确的——保持这样的谦虚态度,才是沟通的基本原则。

⊙━

培养接收、编辑和输出信息的能力。

愿意将他人话里的有趣之处吸收到自己身上。

首先要学会倾听,这才是沟通的有效方法。

为什么高谈梦想的人容易成功？

"遥不可及的梦想"好过"只增一成的稳健"

现实主义者与理想主义者，哪一种成为成功人士的概率更高？

假如我是个科长或部长级别的人，或许作为现实主义者更有机会。但假如我是个创业人士或经营人士，若不是理想主义者，要取得大的成就估计很难。

所谓理想主义者，是指那些初出茅庐、年轻气盛的人。

这些人或许有其幼稚之处，即使被旁人指出来也未必肯听。单是这一点，往往会使周围的人敬而远之。

然而，他们的身上却有一种气质，会使别人想要追随他、辅佐他。事实上，有很多这样的经营者，反而很难让人主动离开他们。

我觉得，现实主义者其实很难变得更加强大。

我曾经遇到过一位公司的老总，他给我的感觉是"此人的公司恐怕很难有大的发展"。

刚刚定下今年的预算，他马上就提出："那明年的预算……"这种已经考虑到下一年度预算的做法纯属杞人忧天。而且听他说话的语气，也能感觉到他并没有考虑在下一年度之前去发展什么新的业务，或是期待发生什么此刻无法想象的事情。

所谓现实主义，听上去似乎很酷，实际上却是格局太小的一种处事方式。

而事实上，他们的经营也确实相当"稳健"。此人的公司今年销售额为三亿日元左右，据说明年的目标是增加一千万。如此这般，很难期待飞跃性的成长。

而那些取得较大成就的人，并不会制定太过详细的计划，却敢于描述世界规模，甚至宇宙规模的无比庞大的梦想。

当初，史蒂夫·乔布斯为了游说时任美国百事可乐总裁的约翰·斯卡利（这也是后来亲手将史蒂夫·乔布斯赶出苹果公司的人）进入苹果公司时，就曾这样说过："你是想卖一辈子糖水，还是想要一个改变世界的机会？"

雅玛多快递的创始人小仓昌男也曾立下极具历史意义的志向。

他说："当初筹划快递业务时，我就希望它不仅仅是某个企业的业务，而是成为社会性的基础设施，当时就是这样设想的。可能想法有点自大，但这就是我的志向。"

近来，想必有许多人都因埃隆·马斯克的发言而备受鼓舞：

"我们正在做对全世界有益的事。这是最重要的，也正是我的座右铭。"

"不要为了老板而工作，要为了地球的未来而工作。"

这正是把规模放大到超出常人想象的发言。

现实主义者也是会做梦的。而实现他们的梦想，带领他们一起飞奔，正是理想主义者需要扮演的角色。在现代社会里，并没有很多人敢拥有如此庞大的梦想，敢说出这种梦想的人更是少之又少。而敢于进一步实施的人，才是最难能可贵的。

也正因如此，这样的人往往有种"要为他人做些什么"的使命感。

136

世间有现实主义者和理想主义者两种人。

现实主义者有时会显得格局太小。

敢说出和实施庞大计划的人，更有可能实现自己的梦想。

为什么乐高能同时受到两代人的喜爱？

与其"开拓新路"，不如"回归原点"

乐高是一种玩具积木品牌。这家来自北欧小城的玩具公司所推出的产品，在日本国内相当畅销，长期受到小朋友的喜爱，在许多家庭里都能看到亲子两代人一同玩乐高的场景。那种"咔哒"一声搭建成功的感觉，许多人成年以后仍难以忘怀。

你可知道，如此热销的乐高也曾一度面临倒闭的危机？

在我小的时候，这种积木还只是一种单纯的玩具。

后来，乐高相继推出《星球大战》《哈利波特》《指环王》等电影主题系列，以及能够激起成年人收集欲望的著名建筑、城堡系列，很多可制作、可摆放、可欣赏的产品也一度掀起热潮。然而，随着电子游戏的普及，乐高的销售业绩开始下滑。

此时，乐高公司采取的措施却是"回归原点"。

自创立以来，乐高的理念始终是"为孩子们提供最好的东西"。

也就是说，乐高要回归到这一原点，重新思考经营方式。

由此而诞生的正是"头脑风暴"——一种具有教育意义的机器人制作套装。这种套装可以搭建出玩具机器人，除使用积木外，还可以使用马达、轮胎，再配上CPU、通讯功能和传感器等。

这种机器人虽然不懂编程语言，却可以通过专门的手机软件编出相对简单的程序。

随后，"头脑风暴"在全球六十多个国家卖出两百多万台，迅速成为畅销产品。乐高本身也作为教育玩具品牌，重新在世界各地打响了知名度。

日本国内也有一部分学校使用它来教学，甚至产生了意想不到的结果。受"头脑风暴"的影响，越来越多的孩子立志要成为工程师。

孩子们还是希望自由地做出自己设想的东西来。乐高正是瞄准了这一点，才使得产品迅速走红。

此外，在乐高"回归原点"的理念中，不可或缺的正是据称全世界仅有数十人的"乐高认定建筑师"。这些建筑师并非乐高的员工，应该说，他们全都是最顶级的乐高粉丝。他们可以用乐高搭建出形形色色的作品，也为乐高赋予了全新的价值。

在获得这种公开的认证之后，这些大师可以把乐高用于自己的商务活动，而乐高也能够从中获取各式各样的奇思妙想。

通过这些努力，也证明了乐高并非是按照固定流程才能搭建成功的积木。

当我们迷茫之际，不妨试试"回归原点"。

但与此同时，思考最初的理念一定要慎之又慎。各位也要清楚，这一理念将是在我们犹豫不决、陷入困境时回归的路标，因此绝不能随意地打造。

否则，就如同胡乱编织那些紧急救生时要用的绳索一样。

◎━┱

勇于适应变化的人才能生存下来。

试试回归原点，或许可以打消迷茫。

理念是我们的路标，不可随意打造。

为什么獭祭不是日本酒？

　　长期以来，日本酒的消费量在持续减少。不过，近些年来这一格局稍有改变。

　　日本酒在国外变得颇受欢迎，甚至有些外国人也听得懂"SAKE"一词。

　　而这股从未有过的日本酒热，正是一种名为"獭祭"的酒带来的——这样说一点儿都不夸张。

实际上，"獭祭"是否能被称作日本酒还有待斟酌，因为它是在毫无酿酒师的酒坊里被酿出来的。

"獭祭"产于山口县大山深处的现代建筑里，那里并没有酿造日本酒所必需的酿酒师等人，一切流程都由普通员工来完成。日本酒下料一般要在秋冬季节，而"獭祭"则标榜"四季酿造"。由于酒坊内部空调设施完善，即使是在夏季，也能够如在冬季一般生产出"獭祭"。

通常情况下，酿酒这项工艺大多要以地方的传统为支撑，并不能进行如此大胆的操作。

可他们却做到了其他酒坊想都不敢想的事，这究竟是为什么呢？

据说，这家发明出"獭祭"的旭酒坊早前的经营环境极其恶劣，这也正是酒坊大胆创新的直接原因。

那里没有酿酒师，是因为之前的酿酒师因公司的经营状况太差而离职了。至于开拓东京和海外的市场，也是为了避免在当地与其他酒坊生产的酒形成竞争关系。

在我看来，"獭祭"与被誉为最顶级的加利福尼亚葡萄酒"作品一号"有着异曲同工之处：二者都以制造"特别的酒"为目标，都是使用最新技术酿制而成的。

"獭祭"并不生产被称为普通酒的低价酒。他们只将一种极奢侈的原料——最顶级的酒米"山田锦"精炼至50%之后，用它酿成纯米大吟酿酒和纯米吟酿酒。

"作品一号"在酿酒时，一定要使用夜收的葡萄。所谓夜收，是指要趁着葡萄果香最新鲜最浓郁的时机，赶在气温较低的深夜时分采收葡萄。这种采收方法如今在许多葡萄酒坊都十分流行，很费事，也很奢侈。

144

"獭祭"甚至比"作品一号"更显创新精神，因为他们并不在乎传统的日本酒爱好者们是否喜欢。

或者应该说，他们并不是在生产日本酒，而是在生产"獭祭"。

"獭祭"这一全新的产品也开拓出了全新的市场，吸引了大批对日本酒认知为零的粉丝。

当你陷入困境之时，或许这就是你可以大胆尝试创新的好机会。

越是觉得没辙的时候，越是可以大胆尝试创新的好机会。

开拓全新的领域，脱离无谓的竞争。

正因为存在传统，才有机会打破传统。

Part 6

为什么最棒的发型师的头发总是乱糟糟的？

为什么最棒的发型师的头发总是乱糟糟的？

现如今，每个人都可以通过各种网络社交平台发布个人信息，这些平台的影响力广泛地渗入到我们的生活中，并不断提高"提升自我品牌形象"的重要性。你希望别人看到一个怎样的自己？若是毫无原则地随意泄露个人信息，等到发现之时，事态很有可能已无法收拾。

在社交平台上，最应重视的是什么？

是秀出自己的生活方式有多时尚？

还是展示自己的日常生活多么充实？

虽然这些都很重要，但我认为，体现出个人的专业性才是最重要的一点。我们需要通过图片和文章，使他人了解自己的人品和职业上的可信度。

大多数优秀的发型师们自己的头发似乎永远都是乱糟糟的。他们总是穿着一身低调的黑衣，隐去自身的光环，全身心地投入工作的样子看起来十分专业。

究其原因，发型师们的职责应当是为模特们打造出美，而并非通过自身的形象吸引他人。

能在社交平台上体现出这样的一面来，可以大大提升你的品牌形象。

前面所说的虽然是社交平台原则，这项原则却不仅适用于社交平台。

事实上，发型师们在打造自己的发型时往往颇费了一番功夫，即便看起来乱蓬蓬的，却仍然显得帅气有型。

使外人一看便知自己的专业性，这也是相当重要的一点。

以前有位医生曾找我咨询如何打造自身品牌形象的问题，而我建议他尽量把听诊器等显示医生身份的物品带在身上。

穿件白大衣当然也是不错的选择，但其他职业也未必不能穿。因此，还是选择了看上去最能体现医生专业性的听诊器。

它可以让患者产生信任感。

果然，之后他便接到了大量的采访邀约和写作任务。而这一切，仅始于一个小小的听诊器。

表达自我时，人们往往喜欢追求自己想要的效果。但其实，我们更需要满足他人的期望。

理发师们穿着整洁的白大衣，厨师们留着清爽的短发，发型师们演绎着时尚的黑——这些打扮都属于下意识打造出的"专业感"。

当然，也有一部分人喜欢追求奇装异服。我虽然可以理解这种想法，但遵循旧例的做法，更能使外人一眼便能看出你的职业身份，进而使之产生信赖感。

比方说，虽然电动汽车在制造上打破了传统的汽车设计，采用全新的理念。然而，实际的外观却仍保留了四车门及前方的挡风玻璃。

究其原因，正是因为人们总是难以打破习以为常的观念。

⊙━

了解打造自我形象的重要性。

应当宣传的是你的专业性，而非秀时尚、晒充实。

相较于自己的个性，更应优先考虑他人的期望。

为什么感动百万人的事物往往始于感动某一个人？

我的工作内容，主要是策划一些能感动大批观众的电视节目。

"我要感动上百万观众！"

"我要让全日本流泪！"

初出茅庐的新人们往往抱有这样的想法，但当真要开始构思策划方案时，往往脑子里一片空白，毫无灵感可言。

小时候，我与大多数男孩子一样，总想制造机会哄妈妈开心。

母亲节时，我会亲手为妈妈做一顿饭，让妈妈大呼"味道真棒"；过生日时，我会送一件出其不意的礼物，带给妈妈惊喜。

而这些经历，也使我懂得了"想使一个人感动有多难"。

比方说，有时候我在写书的过程中会有这样的念头："要让某人读我的书。"这个某人可能是我的朋友，也可能是邀稿的编辑。主题不同，想象的对象也不同。总之，脑子里一旦有了具体的读者形象，写起来内容也会格外充实。

这是一种相当不错的做法，推荐各位参考一下。

另外，下笔时我还会想象这本书写完之后，会被摆在书店里的哪个书架上，是否会有年轻的读者愿意购买，等等。

你的话是写给谁看的？写博客时，同样也要思考类似的问题。

这样，才可能出现"只为某一个人写出的文字，感动了上百万人"的情况。

相反，连一个人都感动不了的文字，也不可能使很多人感动。

这一道理不光适用于电视节目和图书。你在工作中接触到的产品和服务，也有可能从一个人的感动延伸到整个社会。

我们常常会听到这样的故事：因为身边的人有着某种烦恼，于是自己反复研究琢磨，最终发明出某样极其畅销的产品。

以邦迪创可贴为例。强生公司的员工发现妻子下厨时总是会不小心弄伤自己，受到启发，便想出了使用医用胶布配上绷带的办法，之后又把它制成商品推出，从而创造出一款超越时代的长寿产品。

当你缺乏灵感时，可以想想你的家人和好友。要想使他们露出笑脸，要想使他们感动，你应当怎样做？或许这些身边的小事，能为你带来商业上的成功。

○⇁

想要感动重要的人的欲望是成功的出发点。
感动不止存在于电视里和书本上。
感动一个人与感动许多人，有着同样的可能性。

为什么登机口要设在左侧？

你有没有仔细观察过飞机？

以前，我曾在机场留意到很特别的一点：所有飞机的登机口都设在左侧。

为什么？

有什么特别的理由吗？

当我实际调查之后，发现了一个极为有趣的事实。

156

入口设在左侧的不只是飞机。从古至今，人们乘船的规矩就是这样的。

船只在交汇时，若各自从不同的方向驶入港口，就很容易发生相撞事件。因而形成了船只沿左侧靠岸，乘客、行李也从左侧上下的规矩。

而随着时代的发展，飞机问世了。飞机也沿用了过去船只的相关规则和术语。时至今日，我们仍习惯把飞机的机身称为"机舱"，把机组人员称为"crew（本意为船员）"。机长的英文也是本意为船长的"captain"。

飞机的登机口设在左侧，只不过是沿袭了船只的规则。

飞机的右侧其实也是有门的，但据说右侧的门只会作为紧急出口或搬运餐点等用途使用。

如此说来，空港（airport）一词也沿用了"港（port）"这个说法。

显然，这都是历史的痕迹。

我们能在潜意识中对那些司空见惯的事物有多大关注，产生多大疑问，对于培养自己的商务思维能力是非常重要的。

疑问一："登机口为什么要设在左侧？为什么不能设在右侧？"

疑问二："有没有设在右侧比设在左侧更好的可能性？"

通过这种反复的自问自答来验证事实，就能产生新的发现：

发现一：将登机口统一设在左侧可以降低成本。

发现二：全世界统一，简单明了。

发现三：只要在左侧制作专用的舷梯就可以了。

再进一步，还可以有新的发现：两侧都有门，是因为右侧的门可以在紧急避难时应急使用，同样也是不可或缺的设施，等等。

通过这样的发现，我们可以明白一个道理——"世上还有这样的规则"。

从留意飞机的登机口，到留意古代船只与现代飞机之间的关联，我们可以发现很多耐人寻味的小常识。

有了疑问，可以先放着不管，直到我们寻找到某些与答案相关的提示。这样，就可以产生新的发现。

🔑

登机口设在左侧，机长称为"captain"……飞机沿用的，都是船只的规则。

能使功能正常发挥的规则往往大有玄机。

面对那些司空见惯的规则时，唯有仔细观察才能产生疑问。

为什么电影中迟迟看不到大白鲨的身影？

你看过史蒂文·斯皮尔伯格的成名作《大白鲨》吗？这部作品上映于一九七五年，是一部经典的惊悚电影，描述了巨大而可怕的食人大白鲨。

多看几遍，你就会发现这部电影里有很多不可思议之处。

比方说，在电影的开头，一名女性正在美丽的大海里游泳。突然，她被拖进海里，失去了踪影。从海中拍出的画面能使人感到这正是大白鲨的视角，却丝毫看不到大白鲨的身影。

实际上，影片中大白鲨出场的画面之所以极少，是因为这部电影的拍摄机器在鲨鱼身上时经常会出现故障，导致拍摄无法如设想中那样进行。

通常情况下，换作我们大概会等到故障修好，或是以预算不足为由与制作方据理力争，而斯皮尔伯格导演的过人之处，就在于他并未因此放弃。

他的策略是：不拍鲨鱼的全身，只拍背鳍，通过音乐来渲染气氛，并且让演员们夸张地演出争执的画面，大量增加地面上的场景，从而把鲨鱼出现的镜头减至最低。

据说最后因为过于脱离原著而使得原作者大为光火。但斯皮尔伯格却做出反驳：那是因为原著不够精彩才做出的改编。

世间不能按照预期计划进行的事太多了。越是这种不能如期开展计划的时候，越能发挥人的能力。能否在这种情况下认真研究，想方设法地达成比原计划更理想的结果，才是决定成败的关键。

我本人也曾有过这样的经历：当时，因节目制作经费不足，我便提出不用旁白解说，结果遭到制作公司的极力反对。尽管这家公司早已破产，但此事给我留下了相当深刻的印象。假如这家公司当时可以灵活地处理当时的情况，说不定今天仍在制作节目。

只要行动，就必然会有条件和限制。预算、人员、时间，现实中要想凑齐天时地利人和基本上是不可能的事情。当然，最理想的情况莫过于毫无条件和限制了。但反过来，正因有了条件和限制，才能使人加倍认真地思考，从而产生全新的设想和努力的空间。

斯皮尔伯格本人曾经这样说过：

"假如当年我们有电脑设备，能制作出如今的数字特效，这部作品也许就不会如此经典了。毕竟按照那样做的话，鲨鱼的镜头肯定会比原先多出九倍。"

仅凭一段恐怖而独特的音乐，哪怕看不见鲨鱼的背鳍，都能让观众感到"鲨鱼来了"。这才是最精彩的演绎，最超凡的智慧。

再比如建筑师，并非每一块能盖房子的土地都是四四方方的。他们常常会遇到各种奇形怪状的土地，或是土地本身面积狭小，根本无法住人。能在这样的条件下绞尽脑汁地造出合适的建筑来，才是建筑师应有的才华。

历史上的真田信繁也是这样一位极具谋略，多次在战争中以少胜多的人物。

天才如斯皮尔伯格，一样需要面对计划不能如期开展的困局。然而，他却把自己的智慧发挥到了极致，留下传世的佳作。

与其绞尽脑汁地寻找"做不到"的借口，不如用心琢磨怎样才能"做到"。这样，你的工作才会更加富有创造力。

⊙━

有限制的地方，才能发挥人的创造力。

不少经典之作，都是在问题重重之下诞生的。

过程太过顺心如意，做出的作品反而可能会令人大失所望。

为什么会觉得国外的电视剧好看？

变　看到变化　为　利用变化

　　我一向爱看国外的电视剧。《Ｘ档案》《急诊室的故事》，等等。各种各样的海外剧我都喜欢，近来还迷上了《纸牌屋》。这部剧真实地描写了美国的政界，因为实在太过精彩，使我欲罢不能。

　　国外的电视剧的确好看，尤其是美剧。美国的电视剧并不是由电视台制作，而是一些电影制作公司制作出来的，因此异常的精彩。近年来，一部分原本只拍电影的导演也开始参与电视剧的制作，更进一步地提升了电视剧的制作水准。

提起电影，普遍都会认为是要花钱观看的。虽然也有收费的电视节目，但基本上只要打开电视机，任何人都能免费收看电视节目。也因此，电影始终给人一种更为"高大上"的感觉。不光是电影本身，即便是演员，电影演员的地位似乎也要高于电视演员。

不过，现在电视节目远比电影赚钱。同样的节目，各个国家都在推进多频道播放，同时也会在其他国家的各个电视台播放，再加上网络播放渠道，赚钱的方式多种多样。

只要拍出热播剧来，就能卖给其他国家获利，制作者们自然也热情满满。前面提到的《纸牌屋》就是大型视频网站网飞公司的一部原创剧。

一旦电视剧火了，制作经费就会随之庞大起来，优秀的作品也会有更多的资金做支撑。也因此，观众们才能每周都欣赏到不亚于电影品质的电视作品。

举个例子，有了大量的资金，才能制作出大型的布景。

日本的电视剧制作因经费规模不同，与海外剧是不能相提并论的。我们时常可以在海外剧中看到人物一边说着台词一边从走廊里走过的情况，这样的画面在日剧里却极为罕见。在日剧中，人物通常都要中途停下来把台词说完。这是因为，继续走就可能走出布景了。

电影导演之所以要拍摄电视剧，也不仅仅是因为金钱。所谓电影，必须在一个半小时到两个小时左右的时间限制内表现出所有的内容。而电视剧则不同，它可以分成几十集，甚至可以分成几季。

这就便于为剧中的人物增加深度，为故事的发展提供更大的空间。

而今后，这样的变化也会越来越多。过去难得一见的事物，或许会变得不再高高在上，以往人们不屑一顾的东西，如今也可能变得珍贵无比。这就是价值的转换。

这也正是人们常说的消费趋势的转变——"因物消费转向因事消费"。可以说，机器人与人工智能的出现，也属于价值转换的一种。

在那些技术不断进化的机器人和人工智能领域里，人类的工作岗位将逐渐被它们夺走。

我们如果不能适应这种变化，必将无法生存。面对变化，人们不应心存恐惧，而应认识到"世界就是在不断发展变化的"。在关注价值变化的同时，不要被自己已有的观念束缚，你需要思考的是今后自己该在哪个位置上继续努力前行。

试着提出质疑：自己现在所处的位置真的是最佳选择吗？

要想向上发展，就必须接受变化，跟上变化的趋势。

认识到"世界是在不断发展变化的"。

为什么女主播都是有亲切感的美女？

电视上常见的女主播们，要么气质清新，要么性格活泼，要么优雅知性，各有各的特点。但其实，她们是有着共同点的。

尽管大多数女主播都是美女，既聪明又独立，但在我看来，单从电视屏幕上看到的印象来讲，她们身上最大的共同点却是"毫无突兀感"。

虽有个性，却不会太过个性十足——这一点对于女主播而言至关重要。另外，航空公司的空姐也是如此。她们大多与女主播类似，外形漂亮，坚强独立，却毫无突兀感。

所谓毫无突兀感，是指不在不必要的地方吸引别人的关注。

比方说，一名戴着超大耳环的女主播很容易将观众的关注点吸引到自己摇来晃去的耳环上，而非新闻内容本身。

再比方说，一名空姐把头发染成了紫色，很可能使乘客的关注点停留在"她为什么把头发染成紫色"上，而忘记倾听紧急避难的逃生宣传和救生工具的使用方法。是的，毫无突兀感，正是使对方认真倾听自己说话的关键。

此外，美女也在"吸引注意力"上有着极大的影响。男士们想必更赞同这一点：人人都爱留意美丽的事物。

在灾难或事故发生之时，女主播和空姐们有时需要播报通知，有时需要进行逃生引导。这些时候她们所说的话，我们绝对不能不听。而最能吸引人们的注意力，使人们认真倾听的，往往都是那些亲和力较高的漂亮的人。

也因此，女主播和空姐都是万里挑一，最具亲和力的美女。

这一点在现实生活中也很实用。

不论你是不擅长说话，还是天生怕生，首先都要有意识地提升自己的外在形象和亲和力。这样可以使自己不必主动要求，对方就愿意倾听你的话。至于男读者，则可以将男主播拿来作为参考。

慢慢适应这样的做法，同时根据对方的反应逐渐增强自信，必要时还可以主动开口说话，以吸引对方的注意。

毫无突兀感的着装也很重要。恰当地融入时间和场合，比表现个性和自我更重要。

如果是男性，分析自己上司的着装是个不错的选择。

要是你的上司每天都穿着雪白的衬衫，那就是答案。你也要避免穿艳粉的衬衫，或是带着亮片、刺绣之类的衣服。这样做，你与上司之间的关系必将向良好的方向发展。

如果是女性，只要选择那些随大流的服装，就不会轻易树敌。

女性往往会对彼此的打扮吹毛求疵，包括长筒袜、指甲的颜色，等等。若能在这方面做到毫无突兀感，别人便会认为你是个没有敌意的人，也愿意开口与你说话，你的人际关系便能顺利地发展起来。

不要表现得过于个性，是拉近与对方之间的距离的关键。

着装时以你的上司为榜样，可以使你的职场人际关系更加顺利地发展起来。

选择随大流的服装不会轻易树敌。

后记

　　这本书的书名，还是坐在东京表参道的地中海料理餐厅"CICADA"的户外座位上想出来的。

　　那是一场策划会议。当时，我正在与两位美丽的女士一边共进午餐，一边开会。

　　不知为何，我们聊到了佛像和自行车。

　　而那天的话题，正是从"你们知道为什么迈克尔·杰克逊·杰克逊的袜子是白色的吗"开始的。

紧接着，一周之后我就开始了这本书的策划工作。

行动这种东西，越早越好。

我始终觉得生活中的任何事物都存在着法则。

我想，分析这些法则，运用这些法则，也正是市场营销的手段。

制作电视节目也是如此。

遵循多种法则，才能制作出精彩的节目。毫无策略却仍能走红的，只能是艺术。要想制作，就需要策略。

差不多每天，我都能见到一些经营者。

在我看来，每一位成功人士都有着自己的法则，都善于通过形形色色的策略扬长避短。

总结他们的成功法则，最重要的一点就是"思考"。

准确地说，是"思考到极致"。

赤坂有家我十分青睐的餐厅，名叫"TAKAZAWA"。

这家餐厅还入选了"世界十大改变人生的餐厅"。

在这家餐厅里，人们会为其无所不用其极的思考而折服。在那里，甚至可以让人感动，改变人的一生。而本书中提到的每一位人士，也都是善于思考到极致的典型。

我本人有幸见过大量的成功人士，并将他们的成功法则分析提炼出来。这本书就是成果。

我希望这个世界变得更加精彩。

我希望自己也是使这个世界精彩起来的一员。

这是我的使命。

这也是我执笔的初衷。

感谢 PARU 出版社的泷口孝志先生发来邮件，为本人提供这次出版的机会。初次见面时，泷口先生一副红衬衫加墨镜的打扮，让人颇有些敬畏。但一开口，声音却异常的随和，说话的方式也十分风趣。

协调整个项目的最佳人选非柳馆由香女士莫属，故特邀其全权负责。

同时，感谢负责装订的富泽崇先生和设计师 Bird's eye，感谢他们制作出如此精美的书籍。

这是一支超级优秀的团队。

并不是说建议你务必要穿白色的袜子。

而是希望以此为各位读者提供一个思考个人优势的契机。

谢谢大家。

那么，下次再见！

野吕英四郎